人工羊草地生产力研究

郝明德 苏富源 郭慧慧 董晓兵 著

科学出版社

北 京

内 容 简 介

羊草为根茎型优质牧草，生态适应性广，生物生产力高，在我国东北、华北、西北人工大面积种植。本书在人工羊草地水肥试验研究基础上，明确羊草的需肥特性和各种肥料对饲草品质的影响，介绍提高羊草产草量、种子产量的合理施肥技术与提高水肥资源利用效率的方法，根据人工羊草地土壤肥力变化特征提出优质、高产、高效的水肥管理技术措施。

本书可为水土保持学、土壤学、生态学、植物学、牧草与饲料作物栽培等领域的科研工作者、管理者和技术人员提供参考，也可供相关专业高校师生参考。

图书在版编目(CIP)数据

人工羊草地生产力研究 / 郝明德等著. —北京：科学出版社，2024.1
ISBN 978-7-03-076637-3

Ⅰ.①人… Ⅱ.①郝… Ⅲ.①羊草－草地－生产力－研究 Ⅳ.①S812.3

中国国家版本馆 CIP 数据核字（2023）第 193948 号

责任编辑：汤宇晨 / 责任校对：严 娜
责任印制：师艳茹 / 封面设计：陈 敬

科 学 出 版 社 出版
北京东黄城根北街 16 号
邮政编码：100717
http://www.sciencep.com
北京中石油彩色印刷有限责任公司 印刷
科学出版社发行 各地新华书店经销
＊
2024 年 1 月第 一 版 开本：720×1000 1/16
2024 年 1 月第一次印刷 印张：10 1/4
字数：205 000
定价：150.00 元
（如有印装质量问题，我社负责调换）

序

我国是草原大国，约有 2.1 亿 hm^2 天然草原，占国土面积的 21.9%。长期以来，人类不合理的开发和过度放牧严重破坏了草原生态环境，造成草地大面积退化、土壤沙化，草原上的羊草也受到严重的影响。

羊草属于禾本科赖草属植物，是欧亚大陆东部草原的关键物种，广泛分布在俄罗斯、蒙古、朝鲜、日本等国和我国东北、华北、西北等地。羊草可以同时依靠种子和根茎进行繁殖，对环境的适应能力强，具有抗寒、耐干旱、耐贫瘠、耐盐碱、耐践踏、耐放牧等特性，是非盐生植物中耐盐碱性最强的植物种之一，对土壤要求不严格，在贫瘠的沙质地和盐碱地都能生长，是改良和利用盐碱地的先锋植物。羊草的须根具有沙套结构，能够黏结沙土，发达的地下横走根茎能够更好地固结土壤，阻挡风蚀沙化，是水土保持先锋植物。羊草是温带禾本科牧草中产草量最高的多年生优质牧草，利用价值巨大，被誉为"禾草之王"，受到科技工作者的关注。20 世纪 50 年代初，东北师范大学、内蒙古大学和中国科学院等单位的学者对羊草及羊草草原生态系统开展了持续研究，进行羊草的驯化和改良，取得了丰硕成果。日本、韩国、蒙古、美国、荷兰等国对羊草也有研究。

德高望重的著名科学家李振声院士特别关注我国粮食安全和草原生态问题，他指出发展草地畜牧业是解决我国粮食安全问题的重要途径，发展草地畜牧业离不开优质牧草，要大力研发和利用多年生优质高产乡土草，以改良天然草原、建设人工草地，在提高人民生活水平的同时，要保护和建设好我国北方生态环境。1994 年，李振声院士建议中国科学院植物研究所本人所在团队选择我国优质的乡土草——羊草，进行系统研究，收集种质资源，选育适应性广的新品种，用于草原补播，增加草地生产力，改善草原生态环境，也可用于人工草地种植，积极发展草地畜牧业。历时 30 年，中国科学院北方资源植物重点实验室本人所在团队深入研究羊草耐放牧、耐盐碱、抗寒、抗旱、结实性、种子萌发等机理，解决了限制羊草产业发展的"抽穗率低、结实率低、发芽率低"等瓶颈问题，通过株系混合选育法，培育出 5 个种子产量高、饲草产量高、品质优良和抗逆性强的"中科系列羊草"新品种，适合在我国北方广大地区草地改良和人工草地建植，为我国草业发展提供了一个具有自主知识产权的核心技术成果，形成了独具特色的多年生禾本科乡土草系统性科学理论和技术体系。"中科系列羊草"在我国华北、西北、东北等地已经或正在进入大面积示范和推广阶段。"中科系列羊草"新品种种子不仅在我国紧俏，国外也有很强的需求。未来 10 年，我国北方有 20 亿亩的羊草需求潜力，国际预计有 30 亿亩的发展潜力。

　　为了快速繁育"中科系列羊草"新品种，提高和恢复羊草地生产力，生产优质饲料，改良盐碱地，防治水土流失，保护草地生态环境，形成可持续发展的草牧业，特邀请一批志同道合的科技工作者参与有关羊草生理生态特性的研究，研发种植羊草的优质丰产栽培关键技术措施，提高羊草栽培生产管理水平。该书是作者近年来在人工羊草地方面研究成果的全面总结，通过田间系统试验，厘清羊草的产草田和种子田需肥特性，明确羊草化肥、微量元素肥料、微生物肥的用量和施用方法，涉及人工羊草地的水肥管理和高效利用，内容丰富，资料翔实，理论和实践结合紧密，针对性强，对人工羊草地建设有指导和促进作用，可为天然羊草地及其他人工草地管理提供参考。羊草的推广种植和合理利用，不仅可以缓解饲草危机，达到持续保护生态环境的目的，而且对草地畜牧业的可持续发展和生态环境的改善具有重要意义。

中国科学院植物研究所　刘公社

2023 年 5 月

前　言

随着生活水平的提升，人们对牛、羊等草食家畜的需求持续增长，对饲草数量的需求和品质要求也越来越高。羊草是温带禾本科牧草中产草量最高的多年生优质牧草，羊草地的建植，不仅可以为畜牧业提供更多的草地资源，还可以改善环境，促进经济发展。

羊草是欧亚大陆东部草原的关键物种，广泛分布在俄罗斯、蒙古、朝鲜和日本等国，以及我国东北、华北、西北等地，是恢复和重建草原的优良草种。羊草对环境的适应能力强，在贫瘠的沙地和盐碱地都能生长，是非盐生植物中耐盐碱性最强的植物种之一。羊草的根茎特性能够固结土壤、黏结沙土，阻挡风蚀沙化，是水土保持、改良和利用盐碱地的先锋植物。羊草具有抗寒、抗旱、耐贫瘠、耐盐碱、耐践踏、耐放牧等特性，作为一种兼具经济价值和生态价值的根茎型优质牧草，在草地畜牧业具有较大的生产潜力，引起了我国学者的极大关注。对羊草的持续研究，以羊草地高产和优质为目标，提高羊草地生产力和羊草的品质，特别是提高羊草的种子产量、水肥利用效率，深入探讨种植多年生羊草对土壤的改良作用、羊草地的土壤肥力变化状况及土壤培肥作用，增强羊草的可利用性，建设以羊草为主的多年生禾本科牧草草地。在我国东北、华北、西北人工大面积种植羊草，对促进该地区资源、生态及社会可持续发展具有十分重要的意义。

本书在人工羊草地水肥试验基础上，探讨施肥管理措施对羊草产草量、种子产量、品质及肥料利用率的影响，种植羊草对土壤肥力的影响，研究提高羊草地生产力的水肥资源高效利用管理措施及技术，探讨人工羊草地优质、高产栽培技术，建立提高人工羊草地生产力的生产技术体系，为我国人工羊草地的优化建设和管理提供依据。

本书由中国科学院水利部水土保持研究所郝明德研究员主持撰写，具体撰写分工如下：第1章、第2章由苏富源、郝明德撰写；第3章由郭慧慧（甘肃省地质调查院）、苏富源撰写；第4章由董晓兵（中国科学院植物研究所）、苏富源撰写；第5章、第6章由苏富源、董晓兵撰写；全书由苏富源、郝明德统稿。

　　"中科系列羊草"育种学家、中国科学院植物研究所刘公社研究员对相关研究给予了大力支持，并为本书作序，宁夏回族自治区农业综合开发办公室、盐池县农业综合开发办公室在试验方面给予了大力支持，在此深表感谢！同时感谢对本书出版给予帮助的专家和学者。

　　人工羊草地生产力提高及水肥资源高效利用，有待更进一步的研究和科学总结。由于作者水平所限，本书不足之处在所难免，敬请读者批评指正。

目　　录

第1章 绪　　论

21世纪以来，随着社会经济迅猛发展，人口持续增长，人口-资源-环境矛盾日益凸显。长期以来，人类为了满足生存需求，进行不合理的土地开发和过垦过牧，造成土地质量和生产力下降，导致草地退化、土壤沙化。我国荒漠化土地面积占国土面积的27.2%（顾仲阳等，2021），严重影响社会经济的高质量发展。

1.1　草地建设与草牧业

1.1.1　草地建设与食品安全

1. 国际上的食品安全概念

1974年，联合国粮食及农业组织（Food and Agriculture Organization，FAO，简称"联合国粮农组织"）在世界粮食大会上通过了《世界粮食安全国际约定》，从食物数量满足人们基本需要的角度，第一次提出了"食品安全"的概念。"食品安全"的含义包括几个大的方面：从数量的角度，要求人们既能买得到又买得起需要的基本食品；从质量的角度，要求食物营养全面、结构合理、卫生健康；从发展的角度，要求食物的获取注重生态环境的保护和资源利用的可持续性。联合国粮农组织确定了粮食安全评价指标：一是国家粮食的自给率必须达到93%以上，二是年人均粮食达400kg以上，三是粮食储备应达到本年度粮食消费的18%，以保证必需的粮食供应量。一个国家粮食库存系数低于17%为粮食处于不安全状态，低于14%为粮食处于紧急状态。

我国普遍采用"粮食安全"概念。从古至今，历朝历代基于解决温饱问题，一直将粮食安全问题视为确保社会稳定的头等大事，"以粮为纲"的观念由来已久，粮食在食品安全中占有举足轻重的位置。我国传统的食物观就是以粮食安全替代食品安全，以粮食供求讨论粮食安全问题。在我国，"粮食"指谷物、豆类和薯类，而实际上的"食物"内涵要比"粮食"宽泛得多。FAO统计的"食物"包括谷物类、块根和块茎作物类、油料作物类（包括豆类）、蔬菜和瓜类、糖料作物类、水果和浆果类、家畜和家禽类、水产品类，共有8大类100多种食物。国际上"食品安全"概念是保障基本食物消费，保障食品安全的粮食数量，比我国的"粮食安全"概念更能反映人们的食物营养实际状况。

2. 食品安全的现状

食品安全一直是全世界的热点问题。联合国粮农组织发布的《2021年世界粮食安全和营养状况报告》估计，2021年全世界粮食产量为28.0亿t，2021年全球受饥饿影响的人数已达8.28亿。联合国一直关注世界粮食安全形势，就世界粮食有可能出现的"永久性粮食危机"发出警告，粮食危机是一场全人类共同面临的"输不起的战争"。全球气候变化加剧、人口规模增长、耕地面积减少、水土流失加剧及全球淡水资源日趋紧张，还没有快速持久性治理干旱、水土流失等灾害，未消除自然灾害对粮食生产的不利影响，粮食短缺、供需紧张的现象还会持续下去。国际社会应立即采取行动，否则将有更多的人陷入粮食困境。

我国是世界粮食头号消费大国，旧中国的农业发展水平极为低下，缺粮始终是旧中国一大难题（唐正芒，2021）。新中国成立以来，短短几十年时间实现了从半饥馑状态到吃饱饭；改革开放以来，实现了从"吃饱饭"向"吃得好""吃得健康"的历史性转变。我国主要农产品供给已实现从长期短缺到总量基本平衡、丰年有余的历史性转变。我国粮食总产量由1949年1.13亿t增加到2020年6.69亿t，增加了近5倍，粮食产量占世界粮食产量的比重由1949年的17%上升到2020年的25%左右（国家统计局，2021）。2013年，粮食总产量达6亿t，连续多年稳定在6亿t以上（图1.1）。20世纪50年代，我国粮食单产很低，多年徘徊在100kg/亩（1亩≈666.67m²），2020年粮食单产达382kg/亩，粮食生产能力大幅提升。

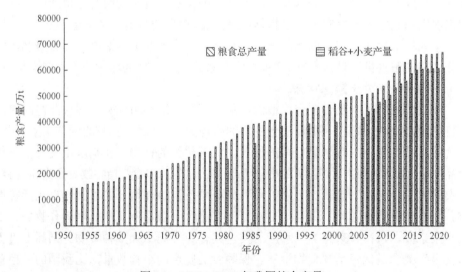

图1.1 1950~2020年我国粮食产量

1949 年，我国人均粮食占有量仅为 208.9kg，1980～2010 年，人均粮食占有量在 300～400kg 浮动（图 1.2），超过国际公认的 248kg 最低安全标准。目前，全国人均粮食占有量稳定在 470kg 以上，远高于国际公认的 400kg 粮食安全线。国家粮食储备充裕，粮食库存 30% 以上，远高于联合国粮农组织提出的 17% 粮食安全警戒线。

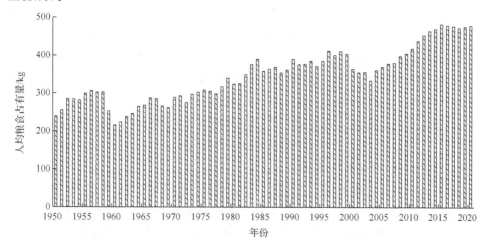

图 1.2　1950～2020 年我国人均粮食占有量

我国食物生产能力基本满足需要，保证城乡居民消费食物的多样化和优质化。2019 年，我国粮食总产量 66384 万 t，产出肉类 7759 万 t，禽蛋 3309 万 t，牛奶 3201 万 t，水果 2.74 亿 t，蔬菜 7.21 亿 t，水产品 6480 万 t（国家统计局，2020）。2020 年，这些产品产量总体保持稳定增长，满足 14 亿人肉奶蛋、果蔬、茶糖等农产品的需求（国家统计局，2021），用不足世界 10% 的耕地资源、世界 6% 的水资源，生产出世界近 25% 的粮食，成功养活全球约 22% 的人口，创造出保障粮食安全的"奇迹"。

我国食品安全仍然存在供求结构性矛盾，需要通过进口调剂余缺。目前，以水稻和小麦为主的口粮充裕，谷物饲料偏紧，玉米存在产需缺口，大豆自给率不足 20%，以油料、植物蛋白为主的大豆供给严重不足。我国居民肉奶蛋的消费不断增长，需要大量进口大豆以满足植物油和蛋白质消费需求，逐渐形成了我国植物蛋白和食用油依赖进口大豆的格局。据海关总署数据，2020 年我国粮食累计进口 14262.1 万 t，大豆进口量达到创纪录的 10032.7 万 t，首次突破 1 亿 t 大关。2020 年 9 月中国社会科学院农村发展研究所发布的《中国农村发展报告》指出，"十四五"（2021～2025 年）期末，我国可能产生 1.3 亿 t 粮食缺口。我国粮食缺口主要是国内大豆产能有限造成的，90% 以上大豆需要进口，其次是玉米产需缺口，也需要大量进口饲草，饲养更多的猪、牛、鸡等动物。适度进口可保障国家食品安全，从更高层次上提升国家食品安全水平。

3. 食物消费结构变化

1）人均粮食消费量呈下降态势

经过40多年的改革开放，我国居民食物消费结构发生了重要变化，人们膳食中动物性食物即肉奶蛋需要比例逐年提高，人均口粮消费随人口增长缓慢而趋于稳定，并开始逐年下降，饲料粮占粮食总量的比重逐年增加。据"国家食物安全可持续发展战略研究"项目组测算，2030年我国人均饲料粮消费量将增长至322kg，占粮食总消费量的比重为58.5%，2030年人均口粮消费量为140kg。为满足小康生活的新需求，到2030年，我国的饲料粮消费需求量将达到口粮的2倍以上。

2）肉奶蛋消费需求快速增长

我国人均肉类的消费量已经达到中等发达国家的水平。20世纪60年代，我国人均肉类消费量为5kg，1978年人均肉类消费量为8.9kg，20世纪末人均消费量上升至20kg，2020年人均肉类消费量为47.4kg，到2030年我国人均肉类消费量将增长至90kg左右。据《2020年国民经济和社会发展统计公报》，2020年猪牛羊禽肉产量7639万t，其中猪肉产量4113万t，牛肉产量672万t，羊肉产量492万t，禽肉产量2361万t，禽蛋产量3468万t，牛奶产量3440万t。2018年，全国肉类、禽蛋和奶类产量分别为8654.4万t、3096.3万t和3148.6万t。肉类和禽蛋产量连续多年稳居世界第一位，奶类产量居世界第三位。全国有70%以上的人口肉类消费以猪肉为主，我国消费了全世界近1/3的肉类，包括全世界1/2的猪肉。我国作为世界猪肉消费第一大国，饲料粮需求快速增长，产需缺口扩大。

3）畜牧业生产呈现快速增长态势

我国饲养着全世界1/2的猪、1/3的家禽、1/5的羊、1/11的牛，畜牧业生产规模居世界前列。2018年，全国生猪出栏6.94亿头，牛出栏4397万头，羊出栏3.1亿只（国家统计局，2018）。未来饲料粮消费量将占粮食总消费量的一半以上，饲料粮供应缺口越来越大，未来的粮食问题是饲料粮短缺问题。

4）我国养殖业结构与饲料资源配置不合理

我国居民的食物消费以高耗粮的猪禽为主，草食性牲畜和反刍牲畜占比较低。2020年我国猪肉产量占肉类总产量的54%，牛羊肉产量只占15%。欧美发达国家牛羊肉产量占肉类总产量的比重一般在50%以上。传统饲养的猪牛羊等家畜饲喂的优质饲草料短缺，因此应发展草地畜牧业，稳定解决14亿人生活质量和营养水平提升后的食物问题。

4. 构建我国食品安全保障体系

1）保障食品安全是一个永恒的课题

1996 年,《中国的粮食问题》白皮书设定粮食谷物自给率不低于 95% 的目标,高于国际公认的安全线 90% 的自给率。我国农业资源人均占有量在世界上属于低水平,未来我国粮食生产长期面临耕地和水资源严重紧缺的压力。我国人口数量刚性增长,2021 年已达 14.13 亿,之后会缓慢下降,在 2050 年前不会少于 12 亿。现有耕地总面积为 20.35 亿亩,但适宜稳定利用的只有 18 亿亩,人均只有 1.3 亩,我国人均耕地面积不足世界平均水平的 40%,很多地区人均耕地面积已低于联合国粮农组织确定的 0.8 亩警戒线。人均水资源量约为 2200m³,不到世界平均水平的 28%,农业用水量每年缺口达 300 亿 m³,且水资源分布极不均衡,我国北方地区水资源短缺矛盾更加突出。

2）树立大食物观,立足国内确保口粮和饲料粮绝对安全

保障食品安全首先应在保障口粮安全的同时,加快发展粮草结合型草地农业。任继周院士等（2016）提出发展草地农业的观念,通过发展草地农业解决传统农业结构性问题。发展草地农业是保障我国食品安全的一个有效模式,发展粮草结合型草牧业,草业与粮食生产对保障食品安全具有积极推进作用,用大食物观来确保食品安全。转变传统农业中重农轻牧、重粮轻草观念,构建多元化的食物产业体系。

调整种植业结构、优化种植结构,要转变发展方式,引草入田,实行草田轮作,建立起粮食作物、经济作物、饲料作物的三元种植结构,加快发展草业和草地畜牧业,解决畜牧业对饲料粮的过度依赖,构建粮经饲协调发展的作物结构、适应市场需求的品种结构、生产生态协调的区域结构和用地养地结合的耕作制度,发展草业和草地畜牧业,对维护我国食品安全具有重要的作用。

调整农业和畜牧业的结构,发展草业和草地畜牧业,减轻饲料粮压力。从饲料资源结构和畜产品结构方面,需要增加草食性牲畜和反刍动物比例。草食性牲畜和反刍牲畜的谷物饲喂转化效率较生猪和家禽低,可以利用人类不能利用的饲草,降低对粮食的消耗。大力发展草地畜牧业如牛、羊、兔等,会增加优质牧草需求量,通过种植牧草和饲料作物,带动天然草原改良、人工牧草种植、草产品加工、牧草种子生产等行业的发展。

我国的资源禀赋和地理环境决定了食物生产与消费之间一直存在着结构失衡的矛盾,应从大食物角度考虑我国 14 亿人口的食品安全,全方位、多途径开发食物资源,建立开放的食品安全保障体系。应在全国国土资源禀赋背景下,把动物性食物纳入食品安全体系之中,利用能生产食物的区域,在我国草原地区、农牧交错带及广大农区,合理利用林草地资源,选择适宜土地建设人工草地,加强天

然草场保护和合理利用,解决牲畜饲草料不足的问题,从根本与长远上满足国民的食物需求,保障食品安全和生态环境安全。

1.1.2 草地发展现状

草原是人类文明的发源地,人类祖先走出森林,走进草原,随水而迁,随草而居,猎兽而生,取物而存,草原成为人类赖以生存、进化和发展的重要场所(洪绂曾,2011)。世界陆地总面积约 149 亿 hm^2,其中永久性草地 32.34 亿 hm^2,占陆地总面积 21.70%,亚洲草地面积最大,为 10.80 亿 hm^2,占世界草地面积 34.72%。从专业的角度解释,草原是以草本植物和灌木为主的植被覆盖的土地。从《中华人民共和国草原法》规定来看,草原指天然草原和人工草地。天然草原包括草地、草山和草坡,人工草地包括改良草地和退耕还草地。草原与草地在农业领域中为同义词,两者因语境不同可交互使用(任继周等,2016)。一般来说,人工草地面积和生产力水平代表着一个国家的草牧业总体发展水平。

发达国家的发展模式就是建立高产人工草地,科学经营草地、建立高效草地畜牧业与草畜产品加工系统,获得较高的生产效率和显著的经济效益。

欧美国家的畜牧业较为发达。在天然草原占比较大的国家,人工草地的作用主要在于生产补充饲料,解决饲料的季节不平衡问题,在改良天然草原的同时,大力建设人工草地。19~20 世纪是欧洲和北美人工草地的大发展时期,建植大面积的人工牧草草地,如建植三叶草-黑麦草人工草地,实施人工草地和粮食作物轮换种植,并进一步发展成为现代的草田轮作制,这是西方农牧业文明的产物。

欧美国家人工草地的面积占比较大,人工种草比重大,人工牧草的面积占耕地面积的 60%以上。欧洲的人工草地生产牧草占全部饲草的比例近 1/2,人工草地牧草干物质生产水平每年可达 10~12t/hm^2,人工草地可以获得 9000L/hm^2 牛奶或 950kg/hm^2 牛肉。人工草地的面积通常占全部草地面积的 10%~15%,美国的人工草地面积占天然草原面积的 15%,俄罗斯占 10%,法国、英国、加拿大等国家人工草地面积占天然草原面积的 50%~60%。澳大利亚有人工和半人工草地约 2670 万 hm^2,占全部草地面积的 47%。新西兰有人工草地 946 万 hm^2,人工草地面积约占全部草地面积的 69.1%,饲养牲畜几乎依靠人工草地。世界草地发达国家中,澳大利亚、新西兰有 90%以上的牧业产值是由牧草转化而来的,美国精饲料的用量虽然较大,但在畜牧业产值中由牧草转化来的仍占 73%。美国草地面积占国土总面积的 1/4 以上,改良和人工草地面积约为 1.1 亿 hm^2,除满足国内养畜需要外,大部分饲草进入国际市场,占有 50%的草产品和牧草种子市场份额,牧业产值占农业总产值的 60%以上,经济效益显著。

我国是一个草地资源大国,草地面积占国土面积的 40%以上,是我国面积最大的生态安全屏障。据第一次草地资源调查数据,各类天然草原面积为 3.928 亿 hm^2,

约占全球草地面积的 12.15%，居世界第一位。从我国各类土地资源来看，草原资源面积也是最大的，是耕地面积的 2.91 倍、森林面积的 1.89 倍，是耕地与森林面积之和的 1.15 倍（唐芳林等，2021）。我国草原主要分布在北方和西部，可利用的天然草原面积为 3.36 亿 hm^2，占全国可利用草地面积的 84.4%。我国草地面积虽大，但人均草地面积仅为 0.33 hm^2，约为世界人均草地面积的 1/2，草地生产力水平仅相当于新西兰的 1/80、澳大利亚的 1/10、美国的 1/20，相当于世界平均水平的 30%。

国内外市场对优质牧草的需求量越来越大，国外对牧草年需求量在 1000 万 t 左右，仅亚洲地区就达 600 万～700 万 t。我国有 3 亿多头草食家畜，仅饲料每年就缺口 200 万～300 万 t 优质牧草，每年都要大量进口牧草产品，2019 年全年优质草产品进口量为 162.7 万 t。

1.1.3　我国草牧业特色

牧草生态适应性广，每个生长季可刈割多次，一次播种连续多年利用，种植成本低。我国是最早利用牧草的国家之一，种植苜蓿已有两千多年的历史。西汉时期张骞出使西域，引种苜蓿在长安周边种植，随之在全国广泛栽培，成为我国最古老、最重要的牧草品种。以苜蓿提高土壤肥力和土地生产力，提高粮食产量和改善品质，同时形成苜蓿和粮食作物轮作种植系统，用地和养地相结合，维持土地生产力长久不衰。粮草轮作是我国传统农业的精华，维护了东方农牧业文明。

我国的牧草和饲用植物有 6400 余种，种类丰富，具有不同的特性和生态适应性，可以满足不同气候、土壤、水分等自然条件，生态适应性广，可满足不同生态类型区的种植。根据生长条件分为栽培牧草和野生牧草。凡经过人工引种、驯化、培育的牧草叫栽培牧草，自然生长的牧草叫野生牧草。牧草可在生长盛期即初花期直接青刈鲜喂，也可刈割制作干草或加工成草粉，还可直接放牧。常见的人工种植豆科牧草有苜蓿（*Medicago sativa* L.）、车轴草（俗称三叶草，*Galium odoratum* (L.) Scop.）、沙打旺（学名斜茎黄芪，*Astragalus laxmannii* Jacq.）、驴食豆（*Onobrychis viciifolia* Scop.）、救荒野豌豆（*Vicia sativa* L.）、黄香草木樨（*Melilotus officinalis* (L.)Pall.）、毛苕子（学名长柔毛野豌豆，*Vicia villosa* Roth）、小冠花（*Coronilla varia* Lassen.）等，常见的人工种植禾本科牧草有羊草（*Leymus chinensis* (Trin. ex Bunge) Tzvelev）、早熟禾（*Poa annua* L.）、黑麦草（*Lolium perenne* L.）、燕麦（*Avena sativa* L.）、披碱草（*Elymus dahuricus* Turcz.）、苏丹草（*Sorghum sudanense* (Piper) Stapf）等。我国牧草种植种类相对较少，种植规模相对较小，种植面积相对稳定。20 世纪末，我国人工草地种植虽然形成了一定的规模，但人工草地种植面积仅为 1548 万 hm^2，占天然草原面积的 3.4%，对草地畜牧业的作用有限。我国北方人工草地种植的豆科牧草以苜蓿和三叶草为主，禾本科牧草以羊草为主，也有混合种植豆科牧草和禾本科牧草。

1.1.4 草牧业发展存在的问题

西部地区受自然气候条件的制约，受"一岁一枯荣"的季节性影响，传统草地畜牧业呈现"夏壮、秋肥、冬瘦、春乏"的季节性波动规律。加之人类对天然草原的不合理利用和过牧，出现草地大面积退化和草地土壤沙化、盐碱化、水土流失严重等问题，草地植被稀疏，草地生产力下降，西部每亩草地的产值平均仅1元左右，每百亩草原载畜量仅为5个羊单位，畜牧业的生产效益低下。

我国畜牧业产值在农业总产值中占20%左右，在畜牧业产值中，牧草产业与草地畜牧业的产值占比更低。我国草地畜牧业生产经营规模小，处于粗放的生产经营模式，牲畜养殖中饲草料结构不合理，造成草牧业资源利用效率低下。

我国优质牧草生产供给能力低，牧草缺少当家品种，缺少牧草良种繁育体系和种子基地。受技术、投入的限制，对野生牧草植物资源保护力度不够，牧草育种工作远不适应草业发展，很多地区依然种植国外引进的牧草品种，这些品种存在气候适宜性差的严重缺点，导致部分牧草产量和品质难以达到预期水平（金京波等，2021）。在牧草尤其是优质牧草上依然对美国等国家具有很高的依赖性，国产牧草品种差异大、生产能力不足，牧草草种生产和草产品加工企业技术滞后，没有建立完善的饲草料收获、贮存和运输管理等加工利用体系。

1.2 多年生人工草地

考虑环境、气候、地形、土壤等自然条件，根据牧草的群落结构特点，因地制宜地播种一年生或多年生牧草品种，形成相对稳定的植物群落，以达到最优的生态、经济、社会效益。改革开放以来，我国人工草地种植面积增加，人工草地类型多样，对发展畜牧业生产起到了促进作用。

1.2.1 多年生人工草地分类

人工草地是农业文明和牧业文明结合的产物，利用播种、排灌、施肥、除草等农业综合管理技术措施，建立新的人工草地群落和结构系统。由于缺少被人们普遍接受的人工草地分类系统，在不同地区和不同的需要下，使用不同的分类方法。根据利用方法分为刈割草地、放牧地和种子田。根据人工草地用途分，有以饲料为目的的牧用草地，也有以净化空气、保护生态、美化环境和体育运动等为主要目的的人工草地，如草坪、绿地等。多以气候带的热量条件（热量带）划分人工草地类型。

按热量带划分，人工草地分为热带人工草地、亚热带人工草地、温带人工草地、寒温带人工草地、寒带和高山带人工草地五种类型。我国以温带人工草地为主，温带特点是冬季较长而寒冷，人工草地的一年生牧草在冬季死亡，多年生牧草则有长短不一的冬眠期，牧草的特性是具有一定的耐寒性和越冬性。我国人工草地普遍为单播豆科牧草草地（如紫花苜蓿、救荒野豌豆、三叶草）、单播禾本科牧草草地（如羊草、黑麦草、燕麦等），也有豆科和禾本科牧草的混播草地。

按利用年限划分，人工草地分为一年生牧草、越年生牧草（也称二年生牧草）和多年生牧草。播种当年就能完成生育全过程的牧草为一年生牧草，播种当年不能开花结籽、第二年开花结实后便死亡的牧草为越年生牧草；寿命在 2a 以上，年年开花结籽的牧草为多年生牧草。多年生牧草又分为能连续利用 3～4a、5～8a、10a 以上的短期、中期、长期多年生牧草。

根据草地的利用年限和打算利用的年限，将人工草地划分为临时人工草地和永久人工草地。临时人工草地主要用于割草，再生草用于放牧；永久人工草地指利用年限超过 5a 的长期利用草地。永久人工草地有多年生禾本科牧草草地和豆科牧草草地，通常是禾本科和豆科牧草混播而成的草地。永久人工草地一般可以连续利用 20a 以上而不必重新播种，在建植和管理费用上相对临时人工草地较低。为了维持永久人工草地生产力，施肥、灌水和补播是重要的管理措施。永久人工草地多以刈草为主，由禾本科和豆科牧草混播而成的草地以放牧利用为主，也可以刈牧兼用。

按牧草组合划分，人工草地分为单播草地和混播草地。单播草地是播种一个牧草种或品种建植而成的草地。单播草地播种方法简单，易于培育和刈割，管理费用较低，主要用作刈草地和种子繁育田。单播草地可分为豆科单播草地和禾本科单播草地。豆科单播草地包括一年生、二年生、多年生草地；禾本科单播草地也有一年生、多年生草地。混播草地是指播种两种或两种以上牧草种而形成的草地。混播草地根据播种组成可分为禾本科混播草地、豆科混播草地、禾本科-豆科混播草地。禾本科混播草地的优点是发挥不同生活型和生长型禾本科草组合的种间互补和充分利用空间的作用；豆科混播草地的优点是产量高、粗蛋白含量高、不易倒伏、便于收割，可解决冬春季饲喂牛羊时牧草蛋白质不足的问题；最常用的混播草地是禾本科-豆科混播草地，优点是刈草和放牧皆可，需要注意的是在刈草利用尤其是放牧利用的过程中，豆科牧草会逐渐减少，在管理上须合理施用氮肥，及时补播豆科草种等。

按培育程度分为人工草地和半人工草地。人工草地是将原有植被破坏后播种牧草，完全改变了植被成分，并在施肥、排灌、补播、耕耙、防治病虫害、合理利用等培育措施下形成的高产优质草地。在不破坏或少破坏天然植被的条件下，通过补播、施肥、排灌、防治病虫害、合理利用等培育措施形成的草地称为半人工草地，提高了牧草产量和质量，并改善了植物学成分。

　　人工草地的建植、管理可以和农作物、林木、果树等生产组分结合在一起，构成一个复合农业生产系统，获得更高的经济和生态效益。按复合生产结构，人工草地可划分为农草型、林草型、果草型。

　　农草型人工草地是和农作物生产结合在一起的草地，这种结合的形式是草田轮作。年内复种是利用休闲期种植一年生豆科或禾本科（如糜子等）作物，也有种植荞麦等作物，许多地方把这些作物称为填闲作物，能正常收获则为粮，不能如期成熟则为草。一年生豆科植物有绿豆、救荒野豌豆、毛苕子、驴食豆、紫云英和田菁等，多年生豆科植物有草木樨、苜蓿。年际轮作形式多样，最典型的麦豆轮作是豆一年麦两年，最有代表性的是小麦苜蓿轮作（小麦四年苜蓿四年的八年轮作），轮作年限根据粮草的需求决定。

　　林草型人工草地是与林业生产相结合的草地，特点是森林和草地在空间上的结合。林草型人工草地可以是在森林中进行择伐或皆伐，改善地面光照条件后建立的草地；也可以是在耕作后的土地上，按一定的间距带状或块状播种牧草和种植树木建立的草地和森林相结合的复合人工草地。

　　果草型人工草地是在果树的间隙种植牧草形成的人工草地，特点是果树和牧草在种间的结合可以提高土壤有机质含量、改良土壤结构、保持水土等。果草型人工草地以栽培耐阴的豆科牧草为主，也可有禾本科牧草。

　　根据人工群落主要成分划分，人工草地可分为人工草本草地、人工灌丛草地。人工草本草地是以草本植物为基本成分的人工群落，是典型人工草地。人工灌丛草地是以栽培灌木为基本成分的人工群落。由于灌木的适应性和抗逆性强，可稳定生产优质的嫩枝叶饲料，供家畜和野生动物采食。

1.2.2　科学建植人工草地

　　西部地区有明显的区位优势，发展草地畜牧业具有得天独厚的自然条件。西部地区属典型的大陆性气候，降雨量小，蒸发量大，日照长，辐射强，温差大；有草原、森林、农田、湿地等农业资源，丰富的饲草饲料资源。西部地区土地资源丰富，有草地面积 3.36 亿 hm^2，其中天然草原 3.31 亿 hm^2，占全国天然草原总面积的 84.4%，占西部地区土地总面积的 49.1%，是西部地区耕地面积的 6.7 倍。可以充分利用西部地区独特的气候资源和土地潜力，利用大面积的草地、坡地、休闲田地建立优质牧草生产基地，发展人工草地。

　　适宜建设人工草地的牧草植物种类丰富，具有不同的特性和生态适应性，可以在不同气候、土壤等自然资源条件下进行人工草地建设。根据牧草的越夏、越冬性能和利用方式，选择适宜当地种植的牧草，人工种植优良牧草，牧草产量可以提高 5～10 倍。人工草地在群落的盖度、密度、高度和生物量等方面优于天然草原，建设人工草地是草地改良的重要措施，对退化比较严重、生产力低下的天然草原,应采用补播、施肥等措施进行改良,提高天然草原产草量和载畜能力(闫春霞等,2022;孙伟等,2021)。在有条件的地区发展人工草地和半人工草地,为牲畜提供更多的饲草,大力发展一次播种、可多年利用的人工草地。

集约化经营人工草地,提高草地生产力。人工草地可大幅度提高牧草产量和质量(董晓兵等,2015),解决天然草原在牧草供给上的季节性不平衡问题,改变过去"夏饱、秋肥,冬瘦、春乏"靠天养畜的局面,保证牲畜营养需要及维持饲草平衡。据任继周院士等学者的分析,在世界范围内人工草地占天然草原的比例每增加 1%,草地动物生产水平就增加 4%。实现人工草地草产品的多样化,如青草、干草捆、干草块、脱水嫩干草、草粉、草种等,提高草业商品化程度,可解决草地牧草营养供给与家畜营养需求之间时间、空间的不平衡问题,又可扩大牧草的应用范围和提高使用价值。

1.2.3　人工草地建设及管理

(1)培育本土优良牧草品种,建立优良草种繁殖基地。根据牧草的越夏、越冬性能和利用方式,选择适宜当地种植的牧草,培育品质优良、抗旱、耐寒、耐盐碱的牧草品种。根据牧草种子对气候和土壤的要求,建立种子相对集中的专业化繁育基地。

(2)对人工草地实行规范化建植、科学管理及合理利用。根据人工草地类型和牧草生长状况,制订划区轮牧制度,严禁过度放牧,进行适度规模的舍饲或半舍饲育肥生产。

(3)人工草地建设包括选择牧草种类和优良良种、整地、播种及管理技术等,参照人工草地建植规程及要求,建植优质、高产的人工草地。

(4)放牧型人工草地应控制放牧频率和放牧时间,早春放牧不宜过早,萌生的牧草被过早采食会影响全年牧草的产量及质量。以禾本科牧草为主的草地应在牧草开始抽茎时放牧,以豆科牧草为主的草地应在牧草侧枝长出时放牧,结束放牧的时间应在牧草停止生长前 30d 为宜。

(5)刈割型人工草地主要用于刈割牧草、晒制青干草。在牧草初花期刈割,每年刈割 2~3 次,每次刈割留茬高度应在 5cm 左右,以利于牧草的恢复生长;最后一次刈割时间应在初霜前,以利于牧草的休眠及来年牧草的生长。

(6)对休牧和放牧后的草地及刈割后的草地,要及时进行追肥。豆科和禾本科牧草混播的草地及禾本科牧草草地,追肥时可根据牧草的长势情况,选用氮磷钾肥和有机肥(刘燕丹等,2021);对豆科草地追肥时应轻施氮肥,重施磷钾肥。每年草地的最后一次追肥应在秋季牧草进入休眠期时进行,一般只追施磷钾肥和有机肥。

(7)人工草地的复壮和更新。随着人工草地生长年限的延长,根茎盘根错节,形成草根交结致密层，土壤通气性变差。当人工草地利用 5~6a 以后，植株生长衰弱，产草量大幅降低，应采用深松、浅翻、轻耙等方法，增加土壤通气性，加之水肥管理等措施恢复草地生产力，保持人工草地的持续利用。

在西部地区大力建设以苜蓿为主的豆科牧草人工草地、以羊草为主的禾本科牧草人工草地。苜蓿是我国历史上种植最早的豆科牧草，被誉为豆科牧草之王，是西北地区大力发展的人工草地草种；羊草被誉为禾本科牧草之王，环境适应性强，具有抗寒、抗旱、耐瘠薄、耐盐碱、耐践踏、耐放牧等特性，是我国禾本科牧草中分布区域广、营养价值高的优良禾草。种植苜蓿、羊草等多年生牧草，不仅可以获得大量优质饲草料，而且由于增加了冬春季节地面覆盖面积，能够显著降低风速、减少风蚀和改善生态环境。

1.3　人工羊草地施肥效应研究进展

我国人工草地研究主要集中在促进退化草地生态功能恢复和重建方面，选择优良牧草品种、合理水肥管理是加速退化草地恢复重建的重要措施之一（孙佳慧等，2020）。通过水肥管理提高人工草地牧草产量和品质，主要集中在豆科牧草特别是人工苜蓿草地的研究上。已有学者在天然羊草地上进行了一些肥料试验研究，人工羊草地不同肥料效应试验的研究相对较少，这些研究结果对人工羊草地合理施肥有一定的指导作用，可促进人工羊草地高质量发展。

1.3.1　施肥对羊草种子产量的影响

1）羊草种子生产能力低

牧草种子生产是人工草地建设、退化草地改良及植被恢复等牧草生产和生态环境改良的重要基础。羊草的种子生产能力低，种子繁殖慢，加之籽粒成熟度差和自然落粒性强的特性，已成为建植人工羊草地的主要限制因素，直接制约利用羊草种子进行人工草地建植和改良荒漠草地的实施效果。羊草种群在自然状态下有性繁殖能力低，抽穗率、结实率和发芽率分别为 20%~40%、30%~50% 和 20%~30%，即抽穗率低、结实率低和发芽率低的三低现象（刘公社等，2022）。羊草生殖枝条很少，天然草原中的生殖枝条仅占 20%~30%，这些因素导致羊草种子产量极低（刘公社等，2022）。单位面积的抽穗数（或抽穗率）、每穗结实粒数（或结实率）和千粒重是羊草种子产量的构成因子（王俊锋等，2008）。羊草的抽穗率低、结实率低和发芽率低，影响羊草种群在自然状态下的有性繁殖能力，也制约羊草改良草地的效果（周婵和杨允菲，2006）。人工羊草地种植第一年、第二年的羊草抽穗率很低，到第三年抽穗率大大提高。

2）施肥提高羊草种子产量

营养元素供给不足导致羊草生殖枝的数量和比例下降。在植株由营养生长转向生殖生长、花序形成和发育等几个关键时期合理施肥，提高生殖枝的数量，可大幅提高羊草的种子生产能力。已有学者在施肥对羊草种群种子产量的影响研究方面做了大量工作（伏兵哲等，2020；周燕飞等，2020；苏富源等，2016）。早期施肥对提高羊草的叶面积、结实率、种子产量和生殖分配的影响更大，叶面积影响着结实率和种子产量等穗部数量性状。王俊锋等（2008）研究发现，氮肥和钾肥通过提高羊草结实数和结实率来增加种子产量。不同时期施用氮磷钾肥对当年羊草的抽穗率和抽穗数均无显著影响，但可显著提高羊草的结实率和结实数，提高羊草种子产量（于辉，2010）。叶面喷施硼、锌等微量元素肥料能够明显增加羊草花蕾的开放数量，减少花药死亡的数量，显著地提高结实率，增加种子产量（胡冬雪等，2017）。

Wang 等（2010）研究表明，施用氮肥对羊草抽穗数没有影响，但能显著提高结实率和千粒重。申忠宝等（2012）研究了不同时期添加不同氮素量对羊草种子产量及其构成因子的影响，发现当年施氮对抽穗率和单位面积抽穗数无显著影响，但可以显著提高羊草的结实率、每穗结实粒数和千粒重；上一年夏秋季氮素对第二年结实率和结实数的影响不显著，但显著提高抽穗率和单位面积抽穗数；4～5月施用氮肥有利于提高羊草穗粒数和千粒重，拔节期施肥更有利于提高羊草种子产量，8月施肥对第二年羊草种子千粒重的提高效果最好。有研究从侧面佐证了此结果，潘多锋等（2019）发现，上年秋季、当年春季和秋季分次施肥均显著增加羊草抽穗率和抽穗数，在黑龙江地区适宜的施氮时期为上一年秋季和当年春季，两季各施一次。

3）水肥管理提高羊草种子产量

有研究发现，施肥和灌溉均可提高羊草种子产量，在水肥耦合条件下，增产效果尤为突出；当年进行水肥处理可显著提高羊草小花数、结实数、结实率和千粒重，而对当年抽穗数和抽穗率没有明显影响（王若男，2019）。在返青期施肥的羊草产量最高，在拔节期施肥种子产量、发芽率显著增加（潘多锋等，2009）。羊草从开花到种子成熟一般需要 30～45d。在不同生态条件下，羊草种子的千粒重差异较大。放牧对籽粒的形成有明显的促进作用，长期割草则有明显的抑制作用。放牧可以降低种群密度，未遭家畜破坏性啃食而成穗的个体，在比较稀疏的生长条件下通风透光良好，家畜在采食过程中排出的粪便又可起到施肥的作用。长期割草造成土壤贫瘠，从而影响籽粒的物质积累过程。长期割草较长期放牧对土壤的危害更大，并且自然恢复的速度缓慢。

1.3.2　施肥对羊草地产草量和品质的影响

1. 施肥提高羊草地产草量

羊草生长需要从土壤中吸收多种营养元素，但土壤中的营养元素含量较少，不能满足羊草生长需求，特别是常年放牧或刈草地，营养元素缺乏，草地生产力出现退化现象。为了维持羊草地土壤肥力和保持土壤养分平衡，就必须以施肥的方式补充羊草从土壤中吸收的养分，促进羊草的营养生长（张楚等，2022；温超等，2021），促进羊草植株根茎的生长和分蘖，增加植株的数量和草丛密度。施肥促进来年植株生长和分蘖，提高羊草地草产量和品质，是提高草地生产力、提高羊草地生态功能的一项重要技术措施（白玉婷等，2021）。

施用氮肥可以提高草原羊草的产量及植株的高度（郭慧慧等，2015；苏富源等，2015）。适度添加氮素不仅能增加产草量，而且能使牧草的营养含量提高，在一定程度上可以补充羊草因刈割流失的氮素，增强其在群落中的竞争力。添加氮素可使草场的质量总体上得到改善，既保证产草量，又维持草场的长期有效利用（吕世杰等，2021；张丽星等，2021）。氮肥施用量应合理，过量施用可能不利于植株生长，而造成减产和资源浪费。羊草草原改良措施及施肥效应的研究表明，雨季施用尿素可较对照增产3倍，改良草原效果良好（乌恩旗等，2001）。温室栽培试验表明，添加氮素可显著增加地上生物量，磷素主要影响地下生物量（詹书侠等，2016）。不同氮肥施用量对草地建群种羊草的个体生长特征、种群密度及种群地上生物量有明显的影响（何丹等，2009）。施用氮肥可显著促进羊草的生长，但施肥效果并未随氮肥施用量的增加而提高，而是在施用量为50kg/hm^{2}时达到最高水平，施用效果最为显著，与对照相比，两年叶宽的增幅分别为17.0%和10.3%，株高分别增加74.0%和46.5%，茎节长分别增加361.6%和81.6%，种群密度分别增加155.6%和54.3%，种群地上生物量分别增加633%和229%。

氮磷肥配施有更好的增产效果（董晓兵等，2014）。施肥能够加快羊草生长，提高产量，其中施氮磷肥的效果最好，且在施肥后的第一个月内对生长的促进效果最明显，后期促进效果逐渐减弱（尤英豪，2005）。羊草施用氮肥的经济效益较好，氮肥的施用时期以返青期至拔节期为佳。单施磷肥和羊草生育后期施用氮肥增产不显著。氮磷配合施用的增产效果显著，由于磷肥用量大，经济效益偏低。在羊草草原上施用硝酸铵和磷酸二铵等化肥可以明显提高牧草的产量，且随着施肥量的增加而提高，相对增产量在每公顷施用量为60～70kg时最高，从经济效益上计算也是可行的。不同肥料种类、施肥水平和施用时间对羊草叶面积、叶宽、叶长都有显著影响（王俊锋等，2007）。在人工羊草地和天然草原上施用氮肥可以提高羊草产草量（李文晶等，2021；王红静等，2021）。

2. 施肥提高羊草品质

施用氮肥是提高羊草品质的重要措施。施用氮肥可以提高草原羊草的产量，提高牧草的氮含量和氨基酸的含量，也是提高羊草质量的重要措施。粗蛋白和粗纤维含量是评价羊草优劣的两项重要指标，提高粗蛋白含量、降低粗纤维含量可以提高羊草的营养价值。羊草营养价值随着生育期的推进不断降低，前期羊草粗蛋白含量较高，随后粗蛋白含量降低，营养价值也不断降低（赵成振，2019）。施用氮肥可以增加羊草粗蛋白含量，提高羊草的品质（赵京东等，2022）。以呼伦贝尔天然割草地为对象进行的研究表明，施用氮肥可以提高羊草割草地牧草产量和品质，同时呼伦贝尔天然割草地应减少钾肥用量（白玉婷等，2017）。通过分析施肥对羊草生物量与蛋白质积累的影响，发现施用氮磷肥加速了羊草生长，提高了羊草产草量和蛋白质总量，施肥后的第一个月内对生长的促进效果最佳，对后期的促进效果减弱。施用氮磷肥加快了粗蛋白总量的积累，从而提高了羊草粗蛋白总量。施用磷肥也能加速羊草生长，但作用效果不及施用氮肥，施用磷肥对粗蛋白总量的影响大于施用氮肥（尤英豪，2005）。

通过分析羊草地上部分营养物质的季节动态，得到有机碳的季节变化较平稳，脂肪、可溶性糖、淀粉的含量生长初期和末期较高（郭继勋等，1992）。随着时间的推进，蛋白质含量逐渐减少，纤维素含量则逐渐增加。在有机营养成分中，蛋白质、脂肪、碳水化合物、纤维素等是评价牧草品质的主要指标。有机营养成分的含量决定着牧草产量的高低，同时又影响牧草的营养价值和适口性等，有机营养成分的季节动态变化与羊草植株营养成分的动态变化较为一致。通过对吉生羊草的品质变化进行研究（王克平等，2005），发现吉生羊草的粗蛋白含量在抽穗期达到高峰，进入生殖生长阶段开始下降，生长后期又有所回升。不同生长年份的吉生羊草粗蛋白含量的变化规律性不强。5～7a 吉生羊草抽穗期粗蛋白含量为18.4%～20.8%，完熟期为 7.1%～9.5%，较野生羊草粗蛋白含量 5.6%～7.0%高出27.1%～36.4%。吉生羊草的粗脂肪含量从返青期开始下降，在初花期含量最低，生殖生长后期含量较高。种植时间越长的羊草粗脂肪含量越高。吉生羊草的粗纤维含量从返青期开始下降，之后随着生长阶段的延长而逐渐升高，但在拔节期含量最低。种植时间越长的羊草粗纤维含量越高。吉生羊草粗灰分含量在整个营养生长阶段呈下降趋势，在生殖生长的后期又有所回升。种植时间越长，粗灰分含量越低。吉生羊草的粗脂肪含量在生殖后期较高，粗灰分含量在生殖后期也有所回升，在吉生羊草的完熟期进行刈割，有利于保持各项营养成分在较高水平。

1.3.3　羊草营养特性

1）羊草营养元素变化

羊草营养元素变化影响着草原的产草量和品质,通过对草原上羊草的营养元素含量及其季节动态研究,得到羊草生长过程中对各种营养元素的吸收量由大到小为 N＞Mg＞Ca＞K＞Fe＞Na＞P＞Zn＞Mn＞Cu(郭继勋,1986)。羊草对 N 的吸收量最大,约占总生物量的 1.0%。羊草植株吸收的营养元素在各器官中的分配是有差异的,根是营养元素的主要贮存器官,其次是叶,茎中的营养元素含量最低。羊草营养元素的总积累量为 283.77kg/hm^2,地下部积累量为 240.84kg/hm^2,地上部积累量为 42.93kg/hm^2,分别占总积累量的 85% 和 15%。在羊草的整个生育期中,N、P、K 营养元素在生长初期含量最高,随着时间推移逐渐下降,生长末期含量最低;其余大多数营养元素含量为生长初期高于生长末期,只有少数营养元素在生长末期出现积累。羊草地凋落物的产量为每年 860kg/hm^2,占地上部生物量的 1/3,凋落的消失量为每年 340kg/hm^2。凋落物营养元素的积累量为 11.07kg/hm^2,通过微生物的分解作用,营养元素向土壤的归还量为 4.38kg/hm^2,凋落物营养元素积累量和归还量分别占地上部积累量的 25.8% 和 10.2%。羊草割草场营养元素收支是不平衡的,从土壤中吸收营养元素的量为 42.93kg/hm^2,割草带走的量为 27.44kg/hm^2,凋落物和茎茬中的残留量为 11.34kg/hm^2,回到土壤中的归还量为 4.38kg/hm^2,从而造成草原土壤日趋贫瘠,草原生产力下降,需要每年向草地施入一定量的肥料,来补充其营养元素的损失,从而保持草原的高额生产力。

2）羊草氮磷钾含量的动态变化

氮、磷、钾是植物的三大营养元素,对植物的生长发育起着重要的作用。氮、磷、钾在羊草内的含量不但随着季节而变化,而且同一季节内不同器官的含量也是有差异的。变化总趋势是春季生长初期含量最高,依据营养元素向生长器官优先运输的生理特点,此时各器官的含量在整个生长季节是最高的,而后随着器官的成熟含量逐渐下降或时有起伏,生长末期含量最低。通过对吉生羊草营养物质动态变化规律进行研究(王克平等,2005),明确了吉生羊草的氮含量在抽穗期达到高峰,进入生殖生长阶段开始下降,生长后期又有所回升。吉生羊草的钙含量在营养生长初期最低,抽穗期达到高峰,在生殖生长阶段又有所下降,各年份之间钙含量变化不大。吉生羊草的磷含量在拔节期至抽穗期最高,到后期籽实成熟时有所下降,不同生长年份间的羊草磷含量变化规律性不强。

3）羊草地上、地下营养物质变化

同一时期羊草地上部各器官硝态氮含量的研究表明,硝态氮含量叶＞茎＞穗。前两者硝态氮含量随季节逐渐增加,到 8 月达最大值,随后下降;穗中硝态氮含量则是随季节逐渐下降。羊草地下部不同层次根系中硝态氮含量在表层最高，随深度增加逐渐降低（李雪梅和张利红，1999）。羊草茎和叶中硝态氮与全氮比例在5 月和 9 月最低，8 月最高，说明此时是羊草需氮的关键时期，合理施肥应选择在5 月和 9 月，割草应在 8 月。在整个生长季节内，土壤硝态氮含量 7 月、8 月最高，这与羊草体内硝态氮含量变化相同，土壤硝态氮含量随深度变化不明显。

1.3.4 羊草地的水肥管理

1）水肥促进羊草生长

干旱缺水限制羊草的生长发育，灌水成为提高羊草产草量必不可少的措施。不同生育期羊草对水分胁迫的敏感程度存在显著差异。水肥充足能明显促进越冬羊草的根茎生长和分蘖，促进幼苗健壮生长和根系发育。施肥时应注意土壤水分条件，一般在降雨前后施肥效果较好。如有灌水条件可先施肥再灌水，可以促进羊草吸收，并且进一步发挥施肥的增产效果。在羊草水肥管理研究中发现，随着水分供给增加，羊草地上、地下生物量和养分库呈先增加后降低的现象（黄菊莹等，2012）。灌水和施肥可以提高羊草放牧场的产草量（赵京东等，2022；赵丹丹等，2019），牧草产草量随灌水量的增加而增加。在同样的条件下，灌水和不灌水的产草量几乎相差一倍。牧草产草量随施氮量增加而增加，以施氮量 60～150kg/hm^2 为宜。在不灌水的情况下，施氮肥仍可增产 19.2%～42.7%。

2）生育期水肥管理

在羊草生长的不同生育阶段，灌水、施肥对牧草生长发育的影响是不同的。放牧场灌水、施肥应在 5 月中旬～6 月中旬进行。此时正是羊草孕穗-开花期，也是羊草对水分和营养物质供应反应最敏感的时期，灌水、施氮肥对羊草营养枝叶面积的影响显著。开花期是营养生长和生殖生长旺盛时期，需水量和需肥量大。在退化的羊草地上适当施肥和灌水，产草量和利用年限都会显著增加。在退化的羊草地上灌水 10～20kg/hm^2，当年比对照增产 43.7%。羊草干草产量一般为 250～300kg/hm^2，甚至可达 500kg/hm^2 以上。水肥管理不仅要考虑土壤、植被、产草量、肥料种类、施肥时期，还要注意土壤水分条件和羊草的发育阶段特性，在有机物积累加快的时期，保证营养元素的供应。水肥管理在羊草的不同生育期效果不一样。羊草孕穗期以后的生长发育时期，补给水肥对其穗长、小穗数、小花数和千粒重均有不良影响，但氮肥、磷肥的残效对羊草从穗分化到结实整个过程均有一定的促进作用（杨允菲，1989）。水肥可以改变种群赖以生存的环境条件，孕穗期以后补给水肥能使生长中心转移到营养枝条和营养器官，减少光合产物向穗部运转，导致小穗、小花退化和千粒重下降。磷肥和灌水对穗长的影响严重，氮肥较磷肥对小穗的影响明显，磷肥对小花的影响明显。

3）适时刈割提高羊草的营养价值

羊草抽穗期营养枝比例大，在抽穗期刈割的干草，颜色浓绿，气味芳香，营养价值高。羊草的最佳刈割期是抽穗期，因为开花以后其粗蛋白含量迅速下降，粗纤维含量特别是酸性洗涤纤维含量急剧上升，适口性变差。羊草初花期粗蛋白含量相对较高，干物质含量相对较高，这时割草可获得最高粗蛋白产量，是最适的刈割期。提前刈割牧草营养价值高，干物质含量相对较低，导致粗蛋白产量相对较低；推后刈割牧草营养价值降低较快，提前和推后刈割都会造成不必要的损失。

4）水肥对羊草叶绿素含量的影响

叶绿素是植物光合作用的重要场所，也是反映植物抗逆生理特性的指标之一，叶绿素含量的多少在一定程度上反映了植物的光合生理状态。李辉等（2012）利用 SPAD-502 叶绿素仪测定了羊草叶片叶绿素含量相对值（SPAD 值），发现 SPAD 值受水分胁迫的影响显著；轻度干旱土壤可以促进植物叶片光合作用，并未导致生物量降低，这是植物对土壤干旱的适应；中度和重度干旱则显著限制了叶片光合性能，羊草复水后叶片光合参数也不能恢复到正常水平（林祥磊等，2008），植物叶片光合速率随水分胁迫的增加而减小，羊草光合作用受水分影响，对轻度干旱胁迫不敏感，受重度干旱胁迫影响显著（刘惠芬等，2005）。通过研究植株叶片光合作用受水分影响的改变，发现土壤水分胁迫使最大净光合速率、光饱和点和水分利用效率降低，光补偿点升高。干旱胁迫降低了植物的光合效率，从而导致草地生产力大幅下降（李林芝等，2009）。

有研究表明，适量施用氮肥可以促进光合作用（侯文慧等，2021），施氮过多反而减弱羊草光合作用；施氮量为 $10g/m^2$ 时显著增加叶绿素含量，但当施氮量达到 $20g/m^2$ 时叶绿素含量有所下降（肖胜生等，2010）。不同程度的退化草地施肥效果存在差异，在重度退化的草地添加氮素对羊草叶片叶绿素含量影响不显著；在轻度退化的草地叶片叶绿素含量与氮素添加量显著相关，氮素是主要影响因子（鲍雅静等，2012）。

5）退化羊草地管理

羊草地利用多年后，羊草地土壤板结、土壤紧实而出现植株低矮、产草量下降、土壤质量降低等退化现象。原因其一是根茎盘根错节、相互交结，形成根茎交结致密层，土壤通气性变差；其二是连续对土壤水分和养分的消耗，使土壤肥力不断降低，土壤出现干燥化，使羊草的总茎数多而矮小，叶片变小，叶量下降，植株长势衰弱，产草量和品质大幅下降。围栏封育、轻耙补播、深耕翻种植三种改良措施均可以减少杂类草的入侵，提高羊草地上生物量，三种改良措施下羊草地上生物量分别比退化草地增加 151.9%、78.3%、200.4%（刘畅等，2012）。松土作业同时施氮磷肥，增产效果更好。松土可改善土壤的物理性状，促进羊草的生长发育，产草量可提高 35.3%，增产效果可达五年以上（陈自胜等，1992）。松土的同时施用 7kg N/亩、3kg P_2O_5/亩的草场，产草量比仅松土草场增加 78.9%，并可提高羊草的蛋白质含量。通过水肥管理满足羊草对水分和养分的需求，通过疏松土壤表层提高土壤通气性，实施羊草自我复壮，恢复羊草地生产力，保持人工羊草地的数十年持续利用。松土的同时施用有机肥可以改善土壤容重和含水率，促进退化草甸草原优势植物种的恢复，也可促进羊草植株的生长（刘琼等，2021；李雅舒，2020）。

第2章 人工羊草地的建设

羊草是欧亚大陆草甸草原及干旱草原上的重要建群种之一，形成了面积辽阔的羊草草原类型，也是我国北方广泛分布的具有优势的多年生乡土草，具有较高饲用价值和生态价值。长期以来，受干旱、风沙、盐碱等自然灾害的影响，加之不合理开垦、超载放牧等影响，天然草原的羊草资源受到破坏，草地生产力和品质下降。人工种植羊草是治理草原退化、提高草地生产力的最佳途径之一，对改善东北、华北、西北地区的生态环境和促进草牧业可持续发展具有重要的意义。

2.1 羊草的特性

羊草（*Leymus chinensis* (Trin. ex Bunge) Tzvelev）又称碱草，属禾本科赖草属植物，是欧亚大陆草原区东部草甸草原及半干旱草原上的重要建群种。羊草分布范围广泛，北纬 36°～62°、东经 120°～132°均有分布，在我国东北、华北、西北及俄罗斯、蒙古、朝鲜和日本等地广泛分布，羊草具有很强的生态适应性，能在寒冷、干旱、盐碱且土壤瘠薄的环境中生长，在我国北方草原地区占有极重要的地位。

2.1.1 生物学特性

羊草是一种根茎型多年生牧草。羊草根茎多分布在地下 5～10cm，蔓延生长可达数十米，使得羊草植株可以接触更广的土壤面积；羊草具有发达的地下横走根茎，横走根茎是一种变态的芽，既是羊草的无性繁殖器官，也是重要的营养储存器官，根茎上有节，节间长 8～10cm，最短的 2cm，羊草的根在分蘖节部位很容易生出不定根，用来获取土壤中的养分和水分，根系的表皮生有较多的根毛。羊草多生长在干旱、沙化地带，其须根具有沙套结构，沙套结构是羊草根部由沙粒黏结聚集形成的圆柱套状结构，能够黏结沙土。

羊草的茎秆单生或呈疏丛，茎秆直立，圆筒形，高度 30～120cm，一般有 2～5 节；羊草的茎包括节与节间，节间中空，节比较突出，常呈红色；羊草顶部生长穗子的节叫穗节，一般情况下穗节最长，往下的茎节逐步变短；羊草茎中的维管束有规则地排列成两圈，茎容易在地面以下或接近地面的位置形成分蘖节，产生分蘖。

羊草单株有 3～5 枚叶，叶片挺拔竖立，较厚且硬，灰绿或灰蓝绿色。羊草叶的结构包括叶鞘、叶舌和叶片三部分。叶鞘是叶的基部，如鞘一般包围着基部，既能保护幼芽，又能增强茎的支持力；羊草的叶鞘比较平滑，叶鞘基部呈纤维状，枯黄色。叶舌是位于叶片与叶鞘相接处腹面的膜状突出物，可以防止水分、昆虫、病菌孢子等落入叶鞘内；羊草的叶舌较为平滑，顶端有齿裂。羊草的叶片为窄长带形，一般长 7～19cm，宽 3～6mm，扁平或内卷，质地又厚又硬，上表面粗糙，下表面比较平滑，通常为灰绿色或黄绿色，这与羊草叶片表面的蜡质多少有关。有些羊草资源叶表皮的硅化细胞上生有刚毛，叶片的边缘有小刺，因而用手触摸叶片表面有明显的触感。

羊草生殖枝上有穗子，穗子一般比较直立，略有弯曲；穗子的长度差异很大，穗长 1～18cm。羊草的花序像小麦，为复总状花序，在花序轴上像穗一样长有分生枝，每一个分生枝相当于一个穗状花序，通常把生长在穗上的分枝称为小穗，每一个小穗的基部有两片颖片，分别叫内颖和外颖。羊草花序轴有 10～30 个节，每节着生 1～2 个小穗。小穗稀疏，小穗长 10～20mm，小花 5～10 朵，小穗通常孪生；颖锥状，等于或短于第一花，不覆盖第一外稃的基部；穗轴边缘具细小纤毛，通常 2 枚生于一节，上部或基部者通常单生，小穗轴节间平滑，长 1～1.5mm；外稃披针形，具狭窄的膜质边缘，顶端渐尖或形成芒状小尖头，基部平滑，第一外稃长 8～9mm；内稃与外稃等长，先端常微 2 裂。颖果长椭圆形，深褐色，长 5～7mm，宽度在 0.5～1.5mm。稃和颖果长宽在不同种质间、地域间均存在显著差异，长度的变异大于宽度；外稃长度与宽度、外稃长度与颖果长度、颖果长宽与千粒重存在极显著相关。

羊草种子比较细小，一般呈锥形，一端较尖细，另一端比较圆滑，形态稍显扁平；两面分别有外稃和内稃包裹，内稃靠近基部的地方有特有的半圆柱状小花轴结构，为小穗相连接的部位。羊草的带稃种子一般无芒，或具有很短的芒尖。种子一般长 0.4～1.0cm，最大直径 1～2mm，千粒重约 2g，每千克种子约 50 万粒。

2.1.2　繁殖特性

羊草有有性繁殖和无性繁殖两种繁殖方式。羊草的特点是在营养生长的同时进行生殖生长，在自然生境中以无性繁殖为主，以有性繁殖为辅。利用羊草种子有性繁殖和根茎无性繁殖两种形式，因地制宜采用种子繁育、根茎无性繁殖方式。羊草的有性繁殖是通过种子萌发形成新的植株，有性繁殖的幼苗叫作实生苗，实生苗纤细，生长缓慢。无性繁殖的幼苗叫作分蘖苗，分蘖苗粗壮，生长较快。羊草可以在我国北方地区多种土壤类型上进行人工栽培或补播。

羊草种子 3～10 月均可播种，一般在 5～8 月播种为宜。羊草出苗后 10～15d 才生出永久根，幼苗纤细、弱小，顶土能力弱，出苗率低，幼苗期生长缓慢，竞争力低，易受杂草覆盖影响，造成幼苗死亡率高。幼苗生长到3～4叶期，可见分蘖芽和根茎节芽，一般生长出第5片真叶时开始分蘖，同时羊草的根茎顶芽开始发生，随着根茎节间的伸长生长，顶芽呈水平生长方式远离母株，以获得更大的生长空间和更多的生长资源。随着每个根茎的生长，节上又不断分化出新的分蘖芽或根茎节芽。羊草在播种当年不能抽穗和开花，播种当年生长的根茎第二年才能抽穗、开花、种子成熟，一般6月中旬抽穗、开花，7月下旬种子成熟。羊草最适宜的采种时间是7月末至8月上旬，应及时脱粒、晒干，妥善保存。羊草幼苗期要严格控制杂草或减少原生植物的影响，播种当年要禁牧。

羊草主要依靠根茎的无性繁殖进行扩张，具有发达的地下根茎，多分布在10cm左右的土层中，根部入土可达1m以上。根茎具有生长点、根茎节、根茎芽等，每个根茎节上生新芽，根茎分节生长，一般每5cm左右分一个小节，每个小节都能向地上长出新的植株，同时向地下长出一簇根毛；根茎在适宜条件下生长很快，一昼夜可长1.5cm，每个根茎节上生长的新芽出土形成地上新枝，向周围辐射延伸，纵横交错，形成大片纯羊草群落，使其他植物不易侵入。

2.1.3　适应性

羊草在自然条件下有性繁殖力低，有性繁殖在种群自然更新中只起辅助作用。无性繁殖主要是通过分蘖和横走根茎，根茎的分蘖节上产生分蘖芽，分蘖芽向上生长形成新的分蘖株，也可在地面下横向生长。向地面生长的分蘖芽形成新一代分蘖株，在土壤中横向生长的分蘖芽则形成根茎。羊草主要依靠根茎无性繁殖在地表进行扩张，有很强的侵占能力，易形成密集的羊草群落，形成结实而紧密的地下根系网络，能够有效地盘结和固持土壤。生长在干旱、沙化地带的羊草根系具有沙套结构。

原天然羊草地羊草的种子产量低，是因为羊草生殖枝条较少，结实率较低，种子饱满度差，种子发芽率较低。羊草有生殖枝和营养枝，发育参差不齐，植株的高矮差别很大，穗子本身的长度、粗细差异大，这是羊草多年生植物种性决定的。整个生长季节都会有新的分枝发生，造成地上枝条的年龄差异和高低不一，这是羊草对外界生态环境的适应性。

羊草在干旱、贫瘠、盐碱化及寒冷等生境条件下表现出很强的生态适应性，在最低温度-40℃可安全越冬，在pH为9.4的土壤中仍能生长，在年降水量为300mm的地区生长良好。羊草喜湿润疏松的土壤，不耐水淹，长期积水常常引起羊草大量死亡。除低洼内涝地外，各种土壤都能种植羊草，是北方草原的主要建群种和优势种。

2.2　选育羊草新品种

长期以来，羊草在自然状态下有性繁殖力低，种子产量低，羊草种子生产已成为改良天然草原、建设人工羊草地的主要限制因素。为了解决羊草抽穗率低、结实率低、发芽出苗率低等问题，我国科技人员对羊草进行驯化和改良，取得了一些实质性进展，满足恢复、重建退化草地和建立人工羊草地的用种需求。

2.2.1　野生羊草驯化和改良品种

通过羊草品种选育，提高羊草种子产量和结实率，是生产上亟待解决的重要问题。我国科技人员选择优质的乡土草——羊草进行系统研究，进行羊草的驯化和改良，选育出多个优良品种。1988 年，中国农业科学院草原研究所和黑龙江省畜牧研究所联合培育了东北羊草品种；1989 年，吉林省生物研究所王克平研究员培育了吉生 1～4 号羊草品种；1992 年，内蒙古农业大学马鹤林教授等通过多次单株混合选育方法，培育了'农牧一号'羊草品种。这些优良羊草品种已生产应用数十年，在草原补播、草原改良、发展草地畜牧业和保护草原生态环境方面发挥了巨大作用，仍有零星种植，但这些品种满足不了草牧产业生产需求。近年来，中国科学院植物研究所的研究人员对羊草种质资源进行了系统收集、评价，通过株系混合选育法，以种子产量高、发芽率高、草产量高作为主要育种目标，2011年起培育了"中科系列羊草"新品种（刘公社等，2022）。

2.2.2　"中科系列羊草"新品种

"中科系列羊草"研发团队从收集整理种质资源入手，系统开展了羊草野生种质资源的收集、评价、科学问题探索、基因资源挖掘、新品种选育等方面的研究。最早的野生羊草种质收集和栽培是在东北松嫩平原和内蒙古东部地区进行的。通过近三十年的种质资源收集和长期育种，育成了'中科 1 号''中科 2 号''中科3 号''中科 5 号''中科 7 号'羊草新品种，突破了抽穗率低、结实率低、发芽率低等困扰羊草产业化发展的瓶颈，将羊草抽穗率由10%提高到50%～70%，结实率由 3%～5%提高到 60%～80%，发芽率由10%～16%提高到 70%～90%，其主要特点是优质、高产、抗逆性强、适应性广。

'中科 1 号'羊草：2014 年由全国草品种审定委员会审定，批准号为471。特征特性：具有较强的抗旱、耐寒、耐盐碱、耐刈割、耐践踏特性，种子产量高，发芽率高，粗蛋白含量高。盛花期粗蛋白含量比对照（野生型，后同）提高了9%；返青期粗蛋白含量为 33%，粗脂肪含量为 4%，无氮浸出物含量为 30%，粗纤维含量为 16%，粗灰分含量为 9%，钙含量为 0.42%，磷含量为 0.49%；拔节期粗蛋白含量为 22%～35%，抽穗期粗蛋白含量在 20% 以上，初花期粗蛋白含量为 16%～20%，平均为 19%，成熟期粗蛋白含量为 10%～15%。羊草抽穗率为 50% 左右，种子发芽率高达 60% 左右，种子萌发率最高达 88.6%，较对照提高了 35.7%。一般株高 120cm 左右，最高可达 180cm。株型紧凑，叶片扁平，灰绿色，茎秆绿色直立，叶长 15～37cm，穗长 18～35cm。种子千粒重在 2.3g 左右，最高可达 2.46g。以生长第三年的'中科 1 号'羊草为例，北京地区干草产量和种子产量分别为 9878kg/hm^2 和 655kg/hm^2，较对照分别增产 17.4% 和 28.7%；宁夏地区干草产量和种子产量分别为 11624kg/hm^2 和 705kg/hm^2，较对照分别增产 18.3% 和 30.3%；河北塞北地区干草产量和种子产量分别为 6283kg/hm^2 和 483kg/hm^2，较对照分别增产 21.6% 和 29.4%。种子发芽率一般为 50% 左右，最高可达 88%，较对照提高 36%。羊草花期粗蛋白含量为 19%，种子收获后粗蛋白含量为 12%～15%，具有很好的饲用价值。

'中科 2 号'羊草：2011 年通过了河北省科技成果鉴定，成果登记号为 20113016。蛋白质含量高，抗锈病性强，耐盐性好。

'中科 3 号'羊草：2012 年通过了内蒙古自治区草品种审定委员会的审定，审定批准号为 N003。株高 120cm 左右，茎秆直立，叶量丰富，耐盐碱性好，分蘖多，蛋白质含量高，抽穗多，结实率高，产草量高，种子产量高，主要特点在于种子产量和干草产量高，种子产量较野生型提高了 39.3%，干草产量较野生型提高了 41.4%。

'中科 5 号'羊草：2020 年由国家林业和草原局草品种审定委员会审定，审定批准号为国 S-BV-LC-003-2020。特点是产草量与地下生物量高，且具有较高的生态修复效率。地上干草产量较对照提高了 9.6%，地下生物量较对照提高了 19.2%，生态修复时间比对照提早了 20d。草产量、地下生物量、修复效率与对照的差异在统计上均达到极显著水平。

'中科 7 号'羊草：2020 年由国家林业和草原局草品种审定委员会审定，审定批准号为国 S-BV-LC-004-2020。特点是种子产量高，且具有较强的生态修复效率。种子产量较对照提高了 11.0%，地下生物量较对照提高了 14.7%，从种植到盖度达到 75% 需要的天数较对照平均提早了 21d。种子产量、地下生物量、修复效率与对照的差异均达到极显著水平。

2.3　建设人工羊草地的优势和研究

羊草是欧亚大陆的关键草种，是我国温带草原地带植物的优势种，抗逆性强，适应性广，生物生产力高，营养价值高，是人工草地建设的最佳牧草种之一。因此，应推动种子繁育基地、产业基地建设，带动人工羊草地建设的快速发展。

2.3.1　羊草种植的优点

羊草为喜温、耐寒牧草，营养枝比例大，叶片丰富，叶量大，颜色浓绿，气味芳香，营养丰富，粗蛋白含量显著高于其他主要禾本科牧草，一般干草产量为 3000～7500kg/km²，种子产量为 150～375kg/km²。羊草分蘖期干草中粗蛋白含量高达 18.53%，初花期粗蛋白含量在 11% 以上，抽穗期粗蛋白含量为 13.35%，粗脂肪含量为 2.58%～3.10%，粗纤维含量为 37.75%，无氮浸出物含量为 31.45%，粗灰分含量为 5.11%，具有较高的营养价值。

羊草具有一些栽培农作物无法比拟的优点，如再生力强、播种期长等，是非盐生植物中耐盐碱性最强的植物种之一（梁潇等，2019）。羊草在土壤贫瘠的沙质地和盐碱地都能生长，是修复退化草地和荒漠化土地的先锋植物；羊草抗逆性强，具有耐寒、耐旱、耐瘠薄、耐盐碱、耐刈割、耐践踏、耐放牧等特性，能与林灌草间作种植等；羊草春季返青早，秋季枯黄晚，持绿时间长，采食收割后恢复生长快，是良好的放牧及刈割牧草，可青饲或青贮，加工方便，是秋季收割干草的重要牧草。

羊草是生态环境建设中不可或缺的重要牧草。羊草的根茎繁殖特性及根系具有的沙套结构特点，在防风、固沙及防治水土流失中发挥着非常重要的作用，在有效治理土地沙化、草地退化、土壤盐碱化的同时，达到国土绿化和持续保护生态环境的目的。中科羊草减少水土流失效果显著，坝上草原年均土壤风蚀量为 2494kg/（亩·年），种植中科羊草第二年开始减少 90% 土壤流失，有效降低沙尘强度；种植第三年盖度达 90% 以上，在风沙区可减少 90% 风蚀，生态环境治理效果明显。

2.3.2　中科羊草产业前景广阔

中科羊草有望成为兼顾经济和生态效益的优质牧草。中国科学院植物研究所在我国不同生态类型区开展"中科系列羊草"品种适应性试验及大面积生产示范，试验结果表明，中科羊草具有产量高、蛋白质含量高、适口性好等特点，适应性强，高度耐盐碱，可以在土壤 pH 达 9.86、土壤盐分含量达 8.8% 的地区萌发、生长、抽穗、开花、结籽，羊草干草产量最高可达 1t/亩，种子产量可达 50kg/亩以上，可作为优良牧草用于人工草地建植，收获种子和干草。羊草可单播或混播，能用于放牧、退化草地改良；可以与林草间作种植，用于水土流失治理多种利用模式。

种植中科羊草满足草地畜牧业对优质牧草生产的持续要求，满足国内外市场对优质牧草的需求。羊草是 20 世纪 90 年代我国唯一出口韩国、日本的牧草，日本主要用来饲喂马，韩国用于饲喂肉牛，非常认可羊草的品质，但因后期杂草过多而停止进口。现有的天然羊草商品草中羊草比例低，蛋白质含量低，品质远远达不到要求。国内外市场对优质牧草需求强劲，我国还没有高纯度的羊草产品，开发出羊草纯度达到 95% 以上、蛋白质含量高于 12% 的高纯度羊草，市场价值将超过 2000 元/t，且供不应求。中科羊草产草量高、品质好，以"中科系列羊草"新品种为契机，恢复羊草出口国地位，同时满足我国对优质牧草的需求，促进当地农牧民就业，同时可实现稳固脱贫和乡村振兴，为我国全面推进乡村振兴贡献力量。

中科羊草种子产业前景广阔，随着人工羊草地种植面积逐年增加，种植管理技术的完善，人工羊草地将迎来一个快速发展阶段，需要大量优质羊草种子，有利于区域羊草产业和羊草种业的全面发展。从中长期看，羊草具有较高的经济、生态和社会效应。未来十年，根据市场需求，将建设羊草种子繁殖基地 50 万～100 万亩，可以每年为我国北方草原改良提供 1500 万～2000 万亩种源。通过建设羊草种子繁育基地，提高羊草种子产量及质量。

羊草适应我国广大区域的种植环境。我国有大面积的退化草地、沙化土地、盐碱地需要治理，有大量工矿废弃地需要修复，在这些贫瘠土地上种植羊草，有助于水土保持、延长并增加地表盖度，直接减少风沙危害，有十分广泛的应用价值。我国适合羊草改良的潜力面积在 20 亿亩以上，草地年固碳量约 6 亿 t，约占全国化石能源燃烧碳排放总量的 30%。种植中科羊草第三年可固定碳素 1000kg/亩，固碳储碳、减排净化效能比较显著。

"中科系列羊草"品种已在内蒙古、新疆、西藏、黑龙江、吉林、辽宁、甘肃、宁夏、陕西、河北、河南、山东等地人工繁育和大面积示范推广，进行盐碱地改良、荒漠化治理、退化草地修复、毒害草治理、戈壁荒漠绿色植被建设。

2.3.3　开展人工羊草地水肥效应研究

以前有关羊草的研究多集中在天然羊草地上，不同研究者在不同区域、不同气候条件、不同土壤条件、不同草地类型、不同羊草地利用方式下进行施肥效应研究，不同肥料对种子产量、产草量及品质的影响有较大差异。

天然羊草地与人工种植的羊草地有较大差异。人工羊草地的施肥目标不仅要考虑如何提高产草量和种子产量，而且应注重提高品质，为恢复天然草原和人工草地建设提供优良种源。羊草吸取大量营养物质和消耗大量水分，科学施用各种肥料、补充土壤水分是提高人工羊草地产量和品质的主要措施。由于羊草一直处于不断分化和生长发育中，在部分植株进入生殖生长期时，仍有部分植株正处在营养生长和根茎分化发育阶段，羊草具有生殖生长和营养生长并存的特性。有必要依据羊草生育特性、营养特点，进一步研究人工羊草地不同肥料种类、不同施肥水平对种子产量和产草量的影响，探讨人工羊草地水肥管理的生态环境效应。

2012 年以来，本书作者在宁夏盐池县进行了提高人工羊草地生产力试验研究，探讨人工种植羊草的需肥特性，系统研究了大量元素氮肥、磷肥、钾肥，铁、锰、铜、锌、硼、钼六种微量元素肥料，微生物肥和腐殖酸肥对羊草产量和品质的影响，明确各种肥料最佳施用量，提高水肥资源利用效率，为人工羊草地建设和合理施肥提供依据。

2.4 试验材料与方法

羊草地试验设置在宁夏盐池县城西滩（37°48′N，107°17′E）上，海拔 1428m。盐池县位于宁夏回族自治区东部，有"关中要冲"和"灵夏肘腋、环庆襟喉"之称，属于典型的温带大陆性季风气候，属干旱草原半荒漠区。地形上是黄土高原向鄂尔多斯台地的过渡地带，是半干旱区向干旱区的过渡地带，是典型草原向荒漠草原的过渡地带，资源利用方面属于农牧交错过渡带，是典型的北方生态脆弱区。

盐池县位于贺兰山至六盘山以东，距海洋遥远，同时受秦岭山峦阻隔，来自海上来的暖湿气流东南风不易吹到；而且北面和西北向地势开阔，来自西伯利亚—蒙古的高压冷空气可以畅行而下，寒流易于侵入，全年大部分时间受西北环流支配，北方大陆气团控制时间较长，属于典型中温带大陆性气候，因此具有长冬严寒、短夏温凉、春迟秋早，每日早凉、午热、夜寒，干旱少雨、风大沙多、蒸发强烈、日照充足的特点。自然灾害以干旱为主，冬春两季最为严重，有"三年两头旱，十年一大旱"之说。冰雹最早出现在 4 月，最晚 10 月，影响作物的生长。冬春风沙天气较多，常有沙尘暴等灾害发生。

盐池县气候特点是冬冷夏热，年平均气温 8.3℃，最冷是 1 月份，平均气温 -8.7℃，最热是 7 月份，平均气温 22.4℃，年极端气温最高值 38.1℃，年极端气温最低值-29.6℃。年均无霜期 150d；日照时数 3054h，太阳总辐射量 592.07kJ/cm²，有效积温（>10℃）3146.2℃，日照长，太阳辐射热值高，光能资源丰富，热量偏少，光热具有相对的优越性，能满足一年一熟作物和牧草的生长需要，有利于天然草原改良和人工牧草的种植。多年平均降水量 296.4mm，降水少且年际变化大，季节分配不均；降水主要集中在夏秋两季，7～9 月降水量占全年降水量 60%以上。

2012～2015 年试验期间，月平均气温和月降水量分别如图 2.1 和 2.2 所示。2012～2014 年的年平均气温分别为 8.6℃、9.5℃和 9.3℃，年降水量分别为 308.0mm、314.2mm 和 347.1mm。2012～2015 年，月平均气温差异不大，但年降水量和月降水量间存在较大差异。2014 年降水量为 347.1mm，高于 2012 年

（308.0mm）和 2013 年（314.2mm）。每年生长季 4～10 月的月降水量中，2013 年 6 月、7 月、10 月，2014 年 4 月、9 月，2015 年 5 月、8 月降水量均明显高于其他年份的同期降水量。

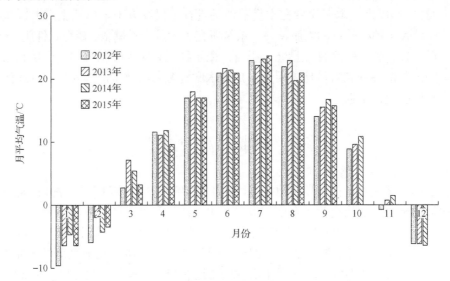

图 2.1　2012～2015 年月平均气温

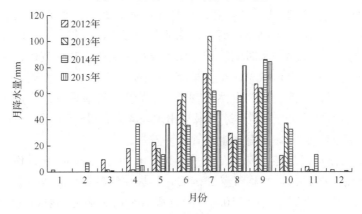

图 2.2　2012～2015 年月降水量

1）植被

盐池县植被在区系上属于欧亚草原区，我国中部草原区的过渡地带。共有种子植物 331 种，分属 57 科、211 属，其中野生植物 48 科 231 种，栽培植物 28 科 100 种。物种组成：禾本科 46 种，占 13.9%；菊科 39 种，占 11.8%；豆科 36 种，占 10.9%；藜科 24 种，占 7.3%；以上 4 科 145 种，占 43.8%；10 种以上的科，还有十字花科、蔷薇科，百合科、茄科等。由于过牧及乱挖滥采等，草场均有不同程度的沙化退化现象。草场植物种属较少，草场结构较为单一，大部分是牲畜喜食的良好牧草，干物质多、蛋白质丰富，饲用价值高，并具有较强的抗寒耐旱能力。天然草场占全县总面积的 57.9%，可分为干草原草场类、荒漠草原草场类、沙生植被草场类、盐生植被草场类 4 大类，分别占全县草原面积的 22.3%、35.3%、37.3%、5.1%。试验地区域建群种为茵陈蒿（*Artemisia capillaris* Thunb.）、狗尾草（*Setaria viridis* (L.) P. Beauv.）、甘草（*Glycyrrhiza uralensis* Fisch.）等。

2）土壤

据盐池县第二次土壤普查资料（1983 年），土壤总面积 1002.33 万亩，占全县土地总面积的 98.5%，有 9 个大类，即灰钙土、风沙土、黑垆土、盐土、新积土、草甸土、堆垫土、白僵土和裸岩，24 个亚类，45 个土属，146 个土种和变种。黑垆土面积占土壤总面积的 18.9%，土层深厚，以轻壤土为主。盐土面积占土壤总面积的 2.1%。灰钙土面积占全县土壤总面积的 39.7%，主要分布在中部、北部的鄂尔多斯缓坡丘陵地带，灰钙土地区土壤普遍沙化。风沙土分布在沙丘、浮沙地，占全县土壤总面积的 38.6%，主要分布在北部、中部灰钙土地区，是干草原生物气候带条件下形成的地带性土壤。

试验地土壤为风沙土，土壤有机质含量为 6.50g/kg，全氮含量为 0.49g/kg，全磷含量为 0.52g/kg，碱解氮含量为 18.46mg/kg，速效磷含量为 4.15mg/kg，速效钾含量为 86.51mg/kg，土壤 pH 为 8.06，土壤肥力处于较低水平。试验地土壤机械组成：粒径＞0.050mm 砂粒含量为 63.22%，粒径 0.002～0.050mm 粉粒含量为 23.34%，粒径＜0.002mm 黏粒含量为 13.44%。

3）供试羊草品种

供试羊草品种为'中科 2 号'羊草，在宁夏引种成功。播前灌水一次，对土地进行翻耕、耙细、整平，精细整地。2012 年 5 月 6 日采用人工条播种植，行距80cm，播种量 15kg/hm^2，播种当年出苗，羊草在 2013 年 3 月下旬返青，5 月中旬孕穗，7 月中旬籽粒成熟。

2.5　试　验　设　计

2.5.1　试验处理

氮磷钾肥试验设置 6 个处理：不施肥、单施氮肥（120kg/hm^2 N）、单施磷肥（120kg/hm^2 P$_2$O$_5$）、单施钾肥（120kg/hm^2 K$_2$O）、氮磷肥配施（120kg/hm^2 N、120kg/hm^2 P$_2$O$_5$）、氮磷钾肥配施（120kg/hm^2 N、120kg/hm^2 P$_2$O$_5$、120kg/hm^2 K$_2$O），分别用 CK、N、P、K、NP、NPK 表示。

氮肥试验设置 5 个处理：0kg/hm^2 N、30kg/hm^2 N、60kg/hm^2 N、90kg/hm^2 N、

120kg/hm^2 N，分别用 N0、N1、N2、N3、N4 表示；120kg/hm^2 P$_2$O$_5$ 作为底肥。

磷肥试验设置 5 个处理：0kg/hm^2 P$_2$O$_5$、60kg/hm^2 P$_2$O$_5$、120kg/hm^2 P$_2$O$_5$、180kg/hm^2 P$_2$O$_5$、240kg/hm^2 P$_2$O$_5$，分别用 P0、P1、P2、P3、P4 表示；60kg/hm^2 N 作为底肥。

钾肥试验设置 5 个处理：0kg/hm^2 K$_2$O、60kg/hm^2 K$_2$O、120kg/hm^2 K$_2$O、180kg/hm^2 K$_2$O、240kg/hm^2 K$_2$O，分别用 K0、K1、K2、K3、K4 表示；60kg/hm^2 N、120kg/hm^2 P$_2$O$_5$ 作为底肥。

微量元素肥料试验设置 6 个处理：七水硫酸亚铁（37.2kg/hm^2）、硫酸锰（22.5kg/hm^2）、硫酸铜（15.0kg/hm^2）、七水合硫酸锌（22.4kg/hm^2）、硼砂（11.3kg/hm^2）、钼酸铵（6.0kg/hm^2），分别用 Fe、Mn、Cu、Zn、B、Mo 表示；60kg/hm^2 N、120kg/hm^2 P$_2$O$_5$ 作为底肥。

微生物肥试验设置 6 个处理：0 个活菌/hm^2、9 万亿个活菌/hm^2、18 万亿个活菌/hm^2、27 万亿个活菌/hm^2、36 万亿个活菌/hm^2、45 万亿个活菌/hm^2，分别用 W0、W1、W2、W3、W4、W5 表示；120kg/hm^2 N 作为底肥。

腐殖酸肥试验设置 6 个处理：腐殖酸肥施用量为 0kg/hm^2、150kg/hm^2、300kg/hm^2、450kg/hm^2、600kg/hm^2、750kg/hm^2，分别用 H0、H1、H2、H3、H4、H5 表示。

水氮耦合试验采用两因素三水平随机区组设计，氮肥施用量设 3 个水平，施氮量为 0kg/hm^2、120kg/hm^2、240kg/hm^2，分别以 N0、N1、N2 表示，每个施氮水平下设置 3 个灌溉量处理，30mm/hm^2、60mm/hm^2、90mm/hm^2，分别记为 W1、W2、W3，水氮耦合试验共设 9 个处理。为了消除小区之间的侧向水分移动影响，小区之间设置 1m 隔离道，试验方案如表 2.1 所示。

表 2.1　羊草水氮耦合试验方案

处理	因素水平	
	施氮量/（kg/hm^2）	灌溉量/（mm/hm^2）
N0W1	0	30
N0W2	0	60
N0W3	0	90
N1W1	120	30
N1W2	120	60
N1W3	120	90
N2W1	240	30
N2W2	240	60
N2W3	240	90

2.5.2　试验管理

2013～2015 年进行氮磷钾肥、氮肥、磷肥、钾肥、微量元素肥料、微生物肥和水氮耦合试验，2017 年进行腐殖酸肥试验。试验小区面积为 7m×12m，小区间隔 1m，3 次重复，各小区随机排列。N、P_2O_5、K_2O 分别以尿素（N 质量浓度≥46.4%）、过磷酸钙（P_2O_5 质量浓度≥44%）、硫酸钾（K_2O 质量浓度≥50%）的形式施入，肥料均匀撒施于地表；磷肥、钾肥在羊草返青期（4 月上中旬）一次施入，氮肥在返青期（4 月上中旬）和第一茬草收获后（7 月中下旬）分两次施入，各施 1/2；在返青期施肥后立即灌水，灌水量为 225t/hm^2。微量元素肥料和微生物肥在羊草返青期（4 月上中旬）一次施入，均匀撒施于土壤表面，施肥后立即灌水 225t/hm^2。2014 年和 2015 年在 2013 年的基础上连续施肥。腐殖酸肥由陕西科技大学腐殖酸农业生态修复工程技术研究中心提供，腐殖酸含量为 54.7%。2017 年 4 月 7 日施用腐殖酸肥，随后灌水 900t/hm^2，田间管理同大田。水氮耦合试验分别在拔节期、抽穗期和初花期三个时期灌水，灌水量各占 1/3。

2.5.3　测定项目

1）羊草植株生长性状和种子产量及其构成因子

采样时期：分别于返青期（4 月 22～25 日）、拔节期（5 月 1～5 日）、抽穗期（5 月 15～20 日）、初花期（6 月 3～8 日）、盛花期（6 月 15～20 日）和成熟期（7 月 9～15 日）采样，羊草第二次刈割期在 9 月 25 日～10 月 2 日采样，每次采样在各小区中部随机选取长势均匀的 3 个 1m×1m 样方。

测定各生育期羊草植株株高、叶长、叶宽和总茎数等生长指标，采集新鲜植物样品，自然风干至恒重，计算鲜干比，并折算产草量，在 105℃下杀青，75℃烘干，烘干至恒重后称重，计算干物质积累量。

于羊草种子成熟期，在每个样方随机选取 10 个生殖枝和 10 个小穗，测定穗长、小穗数、小穗花数、穗粒数；样方内羊草全部刈割后测定羊草抽穗植株的数量，计算抽穗率；刈割的羊草自然风干后脱粒、清选、称重，计算单位面积种子产量（kg/hm^2），随机挑选 1000 粒种子称重，重复 3 次，计算千粒重。

2）叶绿素含量的测定

在各小区的每个生育期选取具有代表性植株 10 株，选择叶片完全展开、叶绿素含量趋于稳定的叶片，用 SPAD 仪在田间直接测定，叶绿素含量用 SPAD 值表示。

3）植株氮、磷、钾含量和品质的测定

将各生育期采集的植物样品烘干粉碎后贮存，用于氮、磷、钾养分含量和品质的测定。用浓硫酸-双氧水消煮，采用凯氏定氮法测全氮含量；钼锑抗比色法测全磷含量；原子吸收法测全钾含量。根据国标饲料营养成分的测定方法，粗蛋白含量采用浓硫酸-双氧水消化-半微量凯氏定氮法测定；粗脂肪含量采用索氏脂肪提取器提取法测定；粗纤维含量采用酸性洗涤剂法测定；粗灰分含量采用干灰化法测定；无氮浸出物含量采用差减法计算，计算公式为无氮浸出物含量（%）=100%-粗蛋白含量（%）-粗脂肪含量（%）-粗纤维含量（%）-粗灰分含量（%）。

第3章　人工羊草地施用化肥效应

肥料是农牧业持续生产的重要物质保证。施用肥料可以培肥土壤，满足羊草生长的养分需求，提高产量和品质。合理施肥必须掌握各种肥料的特性和植物生长的营养特性，根据羊草生长规律和对环境条件的要求施用。氮、磷、钾是植物生长发育过程中不可缺少的营养元素，参与植物代谢过程，是植物体内多种重要化合物的组分，对产量及品质的提升起着非常重要的作用。氮肥、磷肥、钾肥单施和配合施用有利于促进羊草植株生长发育，进而提高羊草产量和品质。研究区概况、试验材料、试验方法及羊草产草量、生长性状、叶绿素含量、植株氮磷钾含量、品质、种子产量及其构成因子的测定参见第2章。

3.1　化肥配施效应研究

3.1.1　化肥配施对羊草种子产量及其构成因子的影响

1. 化肥配施对种子产量的影响

施肥对羊草种子有明显的增产作用，单施氮肥、单施磷肥、单施钾肥、氮磷肥配施、氮磷钾肥配施均有明显的增产效果（$P < 0.05$）。2013年，单施氮肥、单施磷肥、单施钾肥、氮磷肥配施、氮磷钾肥配施对羊草种子产量影响显著，不施肥处理羊草种子产量为253.5kg/hm^2，单施氮肥的种子产量为291kg/hm^2，单施磷肥的种子产量为324kg/hm^2，单施钾肥的种子产量为392kg/hm^2，氮磷肥配施的种子产量为384kg/hm^2，氮磷钾肥配施的种子产量为474kg/hm^2。2014年单施氮肥、磷肥、钾肥的种子产量较不施肥的种子产量差异不显著，氮磷肥配施和氮磷钾肥配施显著增加羊草种子产量，其中氮磷钾肥配施的羊草种子产量最高，较不施肥显著增加125.0%。2015年单施氮肥种子产量较不施肥显著增加86.7%，单施钾肥种子产量较不施肥显著增加34.9%，单施磷肥种子产量与不施肥差异不显著；肥料配施显著增加种子产量，氮磷肥配施的羊草种子产量较单施氮肥显著增加36.6%，氮磷肥配施的种子产量较单施磷肥显著增加145.6%，氮磷钾肥配施的种子产量最高，较氮磷肥配施显著增加12.8%、较单施氮肥显著增加54.0%、较单施磷肥显著增加176.9%，较单施钾肥显著增加113.1%（图3.1）。2015年、2014年单施氮肥、磷肥、钾肥的羊草种子产量均比2013年大幅增加，2013年、2014年和2015年氮磷钾肥配施处理的羊草种子产量连续三年均为最高。

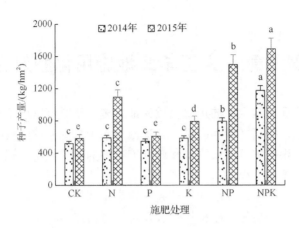

图 3.1　不同施肥处理下羊草种子产量

2. 化肥配施对种子产量构成因子的影响

羊草的种子产量构成因子与禾本科的其他植物相同，由抽穗数、穗粒数、粒重组成。随着羊草生长发育，拔节期以后的分蘖数逐渐分化为总茎数，进而分化为抽穗数，一般在统计时，在拔节期以分蘖数计，拔节期以后以总茎数计，出穗后以抽穗数计。种子产量及产草量与分蘖数关系密切，抽穗数的多少则取决于返青时的分蘖数多少。随着羊草生长年限延长，分蘖数逐年增多，总茎数逐年增多，抽穗数也逐年增多，可以通过增加总茎数、增加抽穗数提高种子产量。穗粒数的变化与穗分化过程中的水肥管理有较大关系，粒重与穗粒数也可以通过水肥管理措施来提高，进而提高种子产量。

2013 年不施肥处理的总茎数为 320 个/m²，抽穗数为 173.3 个/m²，抽穗率为54.2%；单施氮肥的总茎数为 640 个/m²，抽穗数为 360 个/m²，抽穗率为 56.3%；单施磷肥的总茎数为 534 个/m²，抽穗数为 213.3 个/m²，抽穗率为 39.9%；单施钾肥的总茎数为 479 个/m²，抽穗数为 263.3 个/m²，抽穗率为 55.0%；单施氮肥、磷肥、钾肥的总茎数和抽穗数都有所提高。氮磷肥配施的总茎数为 696 个/m²，抽穗数为 303.3 个/m²，抽穗率为 43.6%；氮磷钾肥配施的总茎数为 748 个/m²，抽穗数为 526.7 个/m²，抽穗率为 70.4%；氮磷钾肥配施的总茎数和抽穗数显著增多，抽穗率也大幅提升。

羊草总茎数随着生长年限不断增多。2014 年，不施肥处理的总茎数急剧增加为 895 个/m²，比 2013 年增加 1.8 倍，2015 年总茎数比 2014 年增加 97%（图 3.2）。施肥显著增加羊草总茎数，2013 年、2014 年和 2015 年连续三年的总茎数均在氮磷钾肥配施时达最大，氮磷肥配施次之，肥料配施效果显著优于肥料单施；在肥料单施中，单施氮肥的效果优于单施钾肥、磷肥。

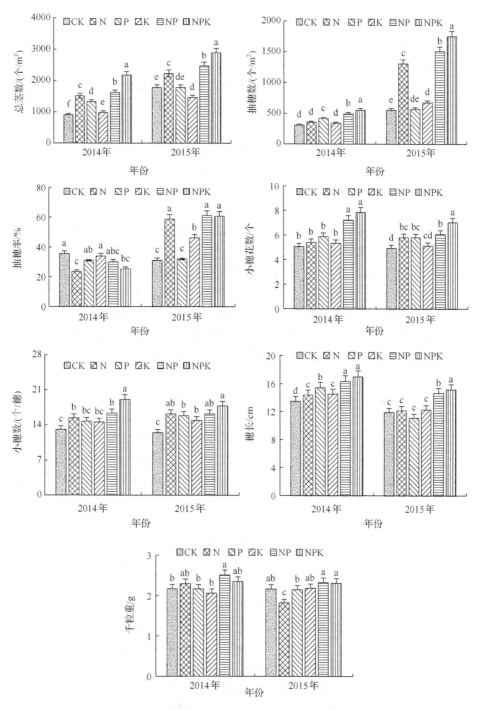

图 3.2 不同施肥处理下羊草种子产量构成因子

方柱上不同字母表示处理间差异在 0.05 水平显著；用 Duncan 法进行多重比较

抽穗数随羊草生长年限的变化和总茎数的变化趋势相同。2014 年不施肥处理的抽穗数比 2013 年增加 1.4 倍，2015 年不施肥处理的抽穗数比 2014 年增加 80%（图 3.2）。羊草抽穗数在肥料的作用下显著增加，2014 年单施氮肥、钾肥的抽穗数与不施肥差异不显著，单施磷肥的抽穗数显著高于不施肥；2015 年单施氮肥的效果优于单施钾肥、磷肥。肥料配施的抽穗数显著高于氮肥、磷肥、钾肥单施的抽穗数，氮磷钾肥配施时抽穗数达最大，2014 年氮磷钾肥配施的抽穗数较不施肥显著增加 74.5%，2015 年氮磷钾肥配施的抽穗数较不施肥显著增加 217.6%，氮磷肥配施次之（图 3.2）。2013 年、2014 年、2015 年连续三年不同肥料单施和配合施用对抽穗率影响没有规律性变化。

2013 年、2014 年、2015 年连续三年氮磷钾肥配施的小穗花数最大。2013 年、2014 年单施氮肥、磷肥、钾肥的小穗花数与不施肥差异不显著，但都高于不施肥的小穗花数。2014 年，氮磷肥配施的小穗花数较不施肥显著增加 42.3%，氮磷钾肥配施的小穗花数较不施肥显著增加 54.2%，氮磷钾肥配施和氮磷肥配施的小穗花数差异不显著，但和单施氮肥、磷肥、钾肥的小穗花数有明显的差异。2015 年，氮磷钾肥配施的小穗花数较不施肥显著增加 42.3%，氮磷肥配施次之，氮磷肥配施的小穗花数显著高于单施氮肥、磷肥、钾肥的小穗花数，单施氮肥、磷肥、钾肥的小穗花数显著高于不施肥的小穗花数，但单施肥料各处理的小穗花数差异不显著（图 3.2）。

2013 年、2014 年、2015 年连续三年氮磷钾肥配施的小穗数最大。2013 年，单施磷肥、钾肥的小穗数与不施肥的小穗数差异不显著，单施氮肥、氮磷肥配施和氮磷钾肥配施的小穗数显著高于不施肥的小穗数，其中氮磷钾肥配施的小穗数显著高于氮磷肥配施和单施氮肥的小穗数。2014 年，单施磷肥、钾肥的小穗数与不施肥的小穗数差异不显著，单施氮肥、氮磷肥配施和氮磷钾肥配施的小穗数显著高于不施肥的小穗数，其中氮磷钾肥配施的小穗数显著高于氮磷肥配施和单施氮肥的小穗数，较不施肥的小穗数显著增加 45.5%，氮磷肥配施与单施氮肥的小穗数差异不显著。2015 年，氮磷钾肥配施的小穗数较不施肥的小穗数显著增加 41.3%，氮磷肥配施、单施氮肥、单施磷肥、单施钾肥的小穗数差异不显著，但均显著高于不施肥的小穗数（图 3.2）。

2013 年、2014 年、2015 年连续三年氮磷钾肥配施的穗长最大。2013 年，肥料配施的穗长显著大于氮肥、磷肥、钾肥单施的穗长，氮肥、磷肥、钾肥单施的穗长大于不施肥的穗长。2014 年，氮磷钾肥配施的穗长最大，显著大于氮肥、磷肥、钾单施的穗长。2015 年，氮磷钾肥配施和氮磷肥配施的穗长显著大于氮肥、磷肥、钾肥单施的穗长，氮肥、磷肥、钾肥单施的穗长与不施肥的穗长差异不显著；氮磷钾肥配施的穗长较不施肥的穗长显著增加 28.4%，氮磷肥配施次之（图 3.2）。

2013 年、2014 年、2015 年连续三年氮磷钾肥配施和氮磷肥配施的千粒重较大。2013 年、2014 年施肥处理间的千粒重差异均不显著，2013 年、2015 年氮磷钾肥配施和单施钾肥增加了羊草种子千粒重，单施氮肥、磷肥的千粒重降低。

3.1.2　化肥配施对羊草产草量和植株性状的影响

1. 化肥配施对产草量的影响

施肥促进羊草生长，提高羊草产草量。单施氮肥、磷肥、钾肥均对羊草有增产效果，氮肥、磷肥、钾肥单施中，以氮肥单施增产效果最优，较不施肥增产 115.2%，磷肥单施较不施肥增产 57.6%、钾肥单施较不施肥增产 78.5%，但氮肥、磷肥、钾肥单施不能充分发挥羊草生产潜力，氮磷肥配施明显优于氮肥、磷肥单施，氮磷钾肥配施增产效果明显优于氮肥、磷肥、钾肥单施或氮磷肥配施，氮磷钾肥配施羊草总产量最高。2013 年、2014 年和 2015 年氮磷钾肥配施的产草量较不施肥分别增加 151.1%、290.4% 和 217.4%，氮磷肥配施的产草量较不施肥分别增加 121.7%、235.8% 和 193.6%，氮磷肥配施较单施氮肥的产草量分别增加 40.7%、56.0% 和 64.5%，较单施磷肥的产草量分别增加 106.5%、105.6% 和 142.3%。氮磷肥配施、氮磷钾肥配施增产效果显著，为羊草生长提供均衡的营养，羊草发挥出高产潜力（图 3.3）。

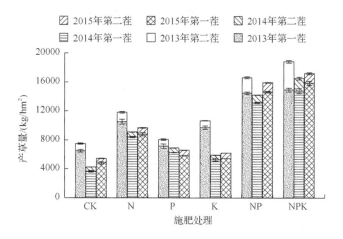

图 3.3　不同施肥处理下羊草产草量

2. 施肥对羊草植株性状的影响

施用氮磷钾肥能促进羊草发育生长，无论氮肥、磷肥、钾单施或配合施用，对羊草植株性状都有较大影响，进而提高羊草产草量和品质。

氮肥、磷肥、钾肥单施的株高较不施肥有所增加，但氮肥、磷肥、钾肥单施效果差异不大。氮磷肥配施或氮磷钾肥配施的羊草株高增加效果最明显。氮磷钾肥配施羊草株高最高，在成熟期氮磷钾肥配施较不施肥显著增加 52.8%，氮磷肥配施较不施肥显著增加 46.5%，氮磷钾肥配施与氮磷肥配施差异不显著（图 3.4）。

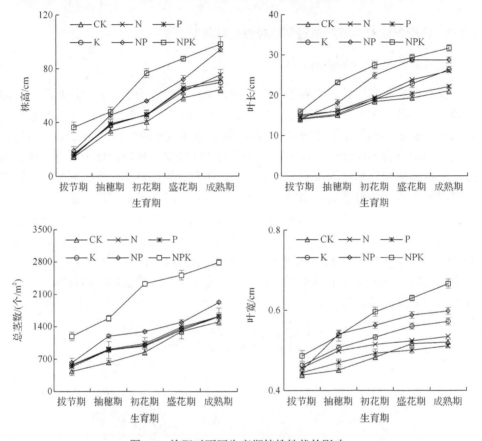

图 3.4　施肥对不同生育期植株性状的影响

随着羊草生长发育，植株总茎数不断增加，氮肥、磷肥、钾肥单施对羊草总茎数有促进作用，肥料单施相比配施效果较差，且氮肥、磷肥、钾肥单施的羊草总茎数差异不明显（图 3.4），氮磷钾肥配施的总茎数增加最多，成熟期较不施肥的总茎数显著增加 85.2%，氮磷肥配施次之，成熟期较不施肥总茎数显著增加 28.0%。

氮肥、磷肥、钾肥单施对羊草生育前期（拔节期至抽穗期）植株叶长促进作用不大，氮肥、磷肥、钾肥单施在生育后期（盛花期至成熟期）植株叶长生长速度明显加快。氮磷肥配施和氮磷钾肥配施的植株叶长显著增加，氮磷钾肥配施的植株叶长最大，成熟期氮磷钾肥配施的叶长较不施肥的叶长显著增加 50.7%，成熟期氮磷肥配施的叶长较不施肥的叶长显著增加 36.5%。氮肥、磷肥、钾肥单施中，钾肥单施对叶宽的促进作用最大。氮磷肥配施或氮磷钾肥配施对植株叶宽的促进作用优于氮肥、磷肥、钾肥单施，氮磷钾肥配施羊草植株成熟期叶宽最大，较不施肥显著增加 28.1%（图 3.4）。

3. 施肥对羊草干物质积累量的影响

羊草干物质积累量随着生育期的延长逐渐增加，成熟期最高（图 3.5）。羊草拔节期的干物质积累量最低，拔节期至抽穗期的积累量快速增加，干物质积累速率最大；其次是抽穗期至初花期的干物质积累速率，盛花期至成熟期干物质积累速率明显减缓，积累量最高。不施肥处理的干物质积累量最低，施肥均能提高羊草干物质积累量，氮肥、磷肥、钾肥单施时，氮肥单施对羊草干物质积累量提高最明显，单施氮肥的干物质积累量和积累速率显著高于单施磷肥、单施钾肥。氮磷钾肥配施的干物质积累量最高，其次为氮磷肥配施的干物质积累量，氮磷钾肥配施较氮磷肥配施的干物质积累量增加 15.4%，氮磷钾肥配施较单施氮肥的干物质积累量增加 35.9%，氮磷钾肥配施较单施磷肥的干物质积累量增加 119.1%，氮磷钾肥配施较单施钾肥的干物质积累量增加 122.0%，氮磷肥配施较单施氮肥的干物质积累量增加 17.8%，氮磷肥配施较单施磷肥的干物质积累量增加 89.8%，单施氮肥较单施磷肥的干物质积累量增加 61.2%，单施氮肥较单施钾肥的干物质积累量增加 63.3%。

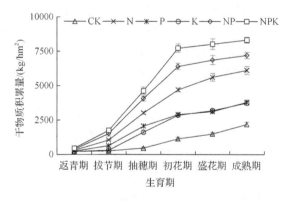

图 3.5　施肥对不同生育期干物质积累量的影响

3.1.3　化肥配施对羊草营养品质的影响

1. 化肥配施对羊草粗蛋白的影响

羊草植株粗蛋白含量是营养品质的主要指标之一。拔节期粗蛋白含量最高，为 12.7%~20.9%，成熟期含量最低，为 4.2%~9.8%，不同生育期的粗蛋白含量相差较大，粗蛋白含量整体呈下降趋势。

　　施肥对羊草植株粗蛋白含量有较大影响，氮肥、磷肥、钾肥单施和配施显著影响羊草粗蛋白含量。氮磷钾肥配施的粗蛋白含量最高，其次为氮磷肥配施的粗蛋白含量，氮肥、磷肥、钾肥单施时以单施氮肥的粗蛋白含量最高，与不施肥的粗蛋白含量差异显著（$P<0.05$）。氮肥可以显著提高羊草植株的粗蛋白含量，氮磷钾肥配施提高营养品质的效果更佳（图 3.6）。

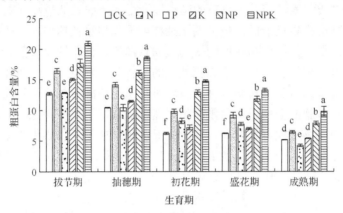

图 3.6　羊草不同生育期粗蛋白含量

方柱上不同字母表示处理间差异在 0.05 水平显著，后同

　　不同生育期不同施肥处理的羊草粗蛋白含量相差较大。在拔节期，单施磷肥与不施肥处理粗蛋白含量差异不显著，单施钾肥显著高于单施磷肥的粗蛋白含量，单施氮肥显著高于单施磷肥、钾肥的粗蛋白含量，氮磷肥配施的粗蛋白含量显著高于单施氮肥，氮磷钾肥配施的粗蛋白含量最高。施肥对抽穗期粗蛋白含量的影响基本与拔节期相同，只是抽穗期粗蛋白含量与拔节期粗蛋白含量相比显著降低。单施氮肥、磷肥、钾肥的粗蛋白含量在初花期明显高于不施肥的粗蛋白含量，也是氮磷钾肥配施的粗蛋白含量最高，氮磷肥配施的粗蛋白含量次之，明显高于单施氮肥的粗蛋白含量，单施氮肥的粗蛋白含量显著高于单施磷肥、钾肥，初花期的粗蛋白含量明显低于拔节期到抽穗期的粗蛋白含量。各施肥处理在盛花期的粗蛋白含量变化与初花期相同，只是盛花期的粗蛋白含量与初花期的粗蛋白含量相比显著降低。单施磷肥在成熟期的粗蛋白含量最低，明显低于不施肥在成熟期的粗蛋白含量，单施钾肥的粗蛋白含量略高不施肥的粗蛋白含量，单施氮肥的粗蛋白含量显著高于单施钾肥和不施肥的粗蛋白含量；氮磷钾肥配施的粗蛋白含量最高，氮磷肥配施的粗蛋白含量次之，明显高于单施氮肥的粗蛋白含量（图 3.6）。

　　牧草的粗蛋白产量高低取决于生育期干物质积累量和粗蛋白含量的乘积。羊草干物质积累量随植株生长发育逐渐增加，而粗蛋白含量随植株生长发育呈逐渐下降趋势，羊草粗蛋白产量最大时应是刈割的最佳时期。

不施肥处理羊草植株的粗蛋白产量随生长发育进程中干物质积累量的增加呈上升趋势。施肥有利于提高羊草粗蛋白产量，施肥处理下的各生育期羊草粗蛋白产量呈先上升后下降的趋势。生育后期粗蛋白含量显著下降，干物质积累量增加较少，导致粗蛋白产量下降。各施肥处理的粗蛋白产量都以初花期或盛花期的粗蛋白产量最高，成熟期的粗蛋白产量显著低于抽穗期到盛花期的粗蛋白产量（图 3.7）。

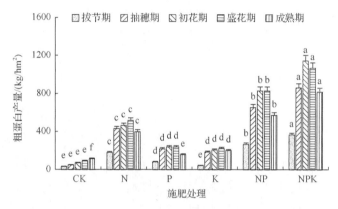

图 3.7　羊草不同生育期粗蛋白产量

单施氮肥在各生育期的粗蛋白产量相差显著，拔节期的粗蛋白产量最低，其次是成熟期的粗蛋白产量，盛花期的粗蛋白产量最高，单施氮肥在各生育期的粗蛋白产量显著高于单施磷肥、钾肥的粗蛋白产量；单施磷肥在拔节期到盛花期的粗蛋白产量高于单施钾肥，各生育期的粗蛋白产量相差较小，拔节期的粗蛋白产量最低，其次是成熟期的粗蛋白产量，从抽穗期到盛花期的粗蛋白产量相差不大；单施钾肥在各生育期的粗蛋白产量相差不大，拔节期的粗蛋白产量最低，从抽穗期到成熟期粗蛋白产量相差不大；氮磷肥配施在拔节期的粗蛋白产量最低，其次是成熟期的粗蛋白产量，初花期的粗蛋白产量高于成熟期，初花期到盛花期的粗蛋白产量相差不大；氮磷钾肥配施在羊草各生育期的粗蛋白产量差异显著，初花期的粗蛋白产量最高，为 1141.8kg/hm^2，其次为盛花期的粗蛋白产量。氮磷钾肥配施的粗蛋白产量最高，氮磷肥配施的粗蛋白产量次之，其次为单施氮肥的粗蛋白产量。氮磷钾肥配施的粗蛋白产量较氮磷肥配施显著增加 37.7%，较单施氮肥显著增加 147.1%。

2. 化肥配施对羊草粗纤维的影响

从返青期到抽穗期这个营养生长时段，羊草植株枝叶幼嫩，粗蛋白含量高，粗纤维含量较低，是羊草品质最好、适口性最好的阶段。拔节期的粗纤维含量仅为 21.86%～23.67%，进入生殖生长后植株的粗纤维含量不断增加，初花期到成熟期的粗纤维含量有所增加，变化幅度较小。不施肥处理的粗纤维含量在各生育期较高，初花期的粗纤维含量最高。施肥能降低羊草粗纤维含量，单施磷肥在拔节期的粗纤维含量与不施肥差异不显著，单施氮肥的粗纤维含量比不施肥降低3.44%，单施钾肥降低了7.20%，氮磷肥配施的粗纤维含量降低2.47%，氮磷钾肥配施的粗纤维含量降低6.08%。不施肥处理在成熟期的粗纤维含量最高，单施氮肥、磷肥、钾肥能降低羊草的粗纤维含量，肥料配施效果显著，氮磷钾肥配施的粗纤维含量可降低6.71%，氮磷肥配施的粗纤维含量降低6.12%。无论是单施氮肥还是氮磷肥配施、氮磷钾肥配施，施用氮肥使各生育期的粗纤维含量有所降低，这从另一方面说明施用氮肥能提高羊草品质（图3.8）。

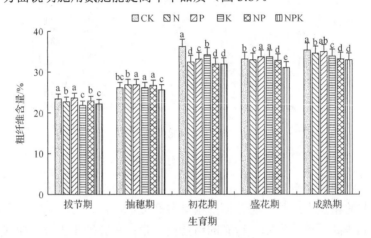

图 3.8　羊草不同生育期粗纤维含量

　　施肥可以明显提高羊草干物质产量，所以施肥也能增加粗纤维产量（图3.9）。随生育期推进，粗纤维产量呈上升趋势。单施氮肥的粗纤维产量在抽穗期显著高于单施磷肥、钾肥的粗纤维产量，氮磷钾肥配施的粗纤维产量最高，氮磷肥配施次之；进入初花期，粗纤维产量急剧增加，单施氮肥的粗纤维产量显著高于单施磷肥、钾肥，氮磷钾肥配施的粗纤维产量最高，氮磷肥配施次之；施肥显著增加成熟期的粗纤维产量，单施磷肥、钾肥的粗纤维产量显著高于不施肥处理，二者的粗纤维产量差异不显著，成熟期的粗纤维产量较其他时期都有所增加，氮磷钾肥配施的粗纤维产量最高，为 2746.8kg/hm^2。氮磷钾肥配施在各生育期的粗纤维产量最高，氮磷肥配施次之，其次为单施氮肥的粗纤维产量。

3. 化肥配施对羊草粗脂肪的影响

　　羊草植株的粗脂肪含量变化与粗蛋白含量变化大致相同。随着羊草植株生长发育，植株的粗脂肪含量呈下降趋势，拔节期的粗脂肪含量在整个生育期最高，不施肥的粗脂肪含量从抽穗期到成熟期下降幅度不大，不同施肥处理在各生育期

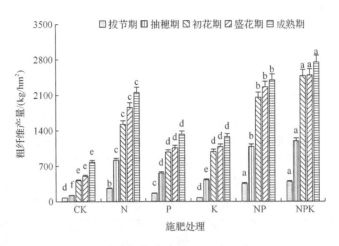

图 3.9　羊草不同生育期粗纤维产量

的粗脂肪含量变化有较大不同。单施氮肥处理从拔节期至初花期的粗脂肪含量下降显著，盛花期到成熟期差异不明显；单施磷肥在各生育期的粗脂肪含量变化与单施氮肥大致相同；单施钾肥在各生育期的粗脂肪含量变化较大；氮磷肥配施在各生育期的粗脂肪含量呈下降趋势；氮磷钾肥配施在各生育期的粗脂肪含量最高，拔节期较不施肥显著增加 25.8%，抽穗期较不施肥显著增加 94.1%，初花期较不施肥显著增加 63.7%，盛花期较不施肥显著增加 59.5%，成熟期的粗脂肪含量也是氮磷钾肥配施最高，较不施肥显著增加 24.7%，较单施氮肥、磷肥分别显著增加 18.0%、20.7%，较氮磷肥配施显著增加 15.3%，氮磷钾肥配施的粗脂肪含量与单施钾肥差异不显著，说明钾肥有利于羊草粗脂肪含量的提高。钾肥对不同生育期粗脂肪含量的影响差异较大，需要进一步试验观察（图 3.10）。

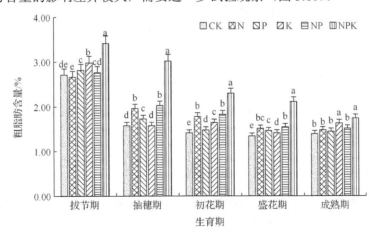

图 3.10　羊草不同生育期粗脂肪含量

　　羊草的粗脂肪产量取决于生育期的干物质积累量和粗脂肪含量。随羊草植株生长发育，干物质积累量逐渐加大，而粗脂肪含量呈逐渐下降的趋势，羊草的粗脂肪产量随干物质积累量的增加而增加。不施肥处理羊草的粗脂肪产量随生长发育进程中干物质积累量的增加呈上升趋势，施肥有利于提高羊草的粗脂肪产量，当干物质积累量的增加减缓时，羊草的粗脂肪产量不再增加。单施氮肥在各生育期的粗脂肪产量显著高于单施磷肥、钾肥，各生育期的粗脂肪产量相差显著，拔节期的粗脂肪产量最低，成熟期的粗脂肪产量最高；单施磷肥在各拔节期、抽穗期和成熟期的粗脂肪产量高于单施钾肥，各生育期的粗脂肪产量相差较小，拔节期的粗脂肪产量最低，成熟期的粗脂肪产量最高，从抽穗期到盛花期的粗脂肪产量相差不大；单施钾肥在拔节期的粗脂肪产量最低，成熟期的粗脂肪产量最高，从初花期到盛花期的粗脂肪产量相差不大。氮磷钾肥配施在各生育期的粗脂肪产量最高，且显著高于其他施肥处理，氮磷肥配施次之，其次为单施氮肥，这是因为氮磷钾肥配施、氮磷肥配施、单施氮肥的干物质积累量较高。在成熟期，氮磷钾肥配施的粗脂肪产量较单施氮肥显著增加58.1%，较单施磷肥显著增加165.2%，较单施钾肥显著增加136.7%，较氮磷肥配施显著增加33.0%。氮磷钾肥配施在初花期刈割时粗脂肪产量最大，为178.3kg/hm^2，且与其他处理差异显著（图3.11）。

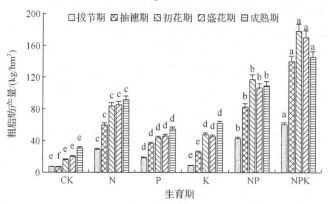

图3.11　羊草不同生育期粗脂肪产量

　　羊草初花期到盛花期的粗脂肪产量和粗蛋白产量最高，羊草的最佳刈割期应是粗脂肪产量和粗蛋白产量最高的时期。

3.1.4　施肥对羊草养分含量和吸收的影响

　　羊草地合理施肥是提高羊草产量和质量的基本措施之一。人工羊草种植地属低产地力水平，土壤养分严重缺乏，不能满足生长发育的营养需要。科学施用氮肥、磷肥、钾肥，不仅能满足羊草生长发育对氮、磷、钾营养元素的需求，还能保证土壤养分的平衡,改善羊草植株的营养成分,可以显著提高牧草产量和品质,提高人工羊草地的社会、生态、经济效益。

1. 施肥对羊草氮、磷、钾含量的影响

羊草植株的氮、磷、钾含量随羊草生长发育均呈下降趋势。拔节期养分含量最高:氮含量为 2.04%~3.35%,磷含量为 0.21%~0.31%,钾含量为 1.93%~2.56%;成熟期养分含量最低:氮含量为 0.68%~1.57%,磷含量为 0.09%~0.19%、钾含量为 1.11%~2.11%。不同刈割时期植株的氮、磷、钾含量差异显著($P<0.05$)(图 3.12)。

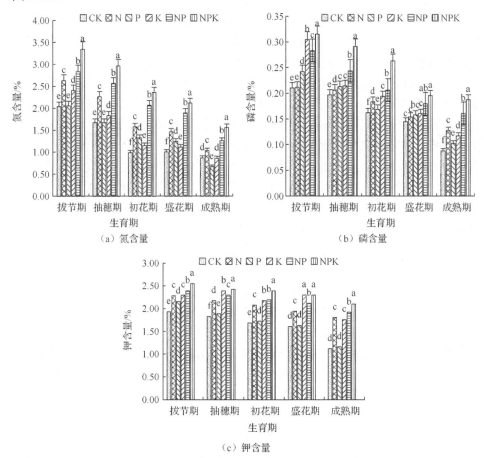

图 3.12　羊草不同生育期氮、磷、钾含量

羊草植株的氮含量随羊草生长发育呈下降趋势,拔节期羊草植株的氮含量最高,成熟期的氮含量最低。施肥可以提高植株氮含量,不同肥料在不同生育期对植株氮含量的影响不同。不施肥和单施磷肥在拔节期的植株氮含量相差不大,单

施钾肥在拔节期的植株氮含量明显高于单施磷肥，单施氮肥显著提高拔节期植株的氮含量，氮磷钾肥配施在拔节期的植株氮含量最高，氮磷肥配施次之，且显著高于其他施肥处理。各施肥处理从抽穗期到盛花期的氮含量变化趋势与拔节期的氮含量变化趋势基本一致。单施磷肥在成熟期的氮含量低于不施肥的氮含量，可能是因为单施磷肥促进羊草生长，增加羊草生物量，养分稀释。单施钾肥的植株氮含量略高于不施肥的氮含量，单施氮肥的植株氮含量显著高于单施钾肥和单施磷肥，仍以氮磷钾肥配施的植株氮含量为最高，氮磷肥配施次之，且高于其他施肥处理。施用氮肥显著提高各生育期的植株氮含量，其中氮磷钾肥配施的氮含量最高，且显著高于其他施肥处理的植株氮含量，氮磷肥配施次之，其次为单施氮肥的植株氮含量。氮磷钾肥配施在成熟期的氮含量较氮磷肥配施的氮含量显著增加 24.3%，较单施氮肥显著增加 52.1%，较单施磷肥显著增加 131.3%，较单施钾肥显著增加 81.0%，较不施肥显著增加 89.2%［图 3.12（a）］。

羊草植株的磷含量随羊草生长发育呈下降趋势。拔节期的植株磷含量最高，成熟期的磷含量最低。施肥可提高植株磷含量，不同肥料在不同生育期对植株磷含量的影响不同。氮磷钾肥配施在整个生育期的木株磷含量最高，均高于单施氮肥、磷肥、钾肥的植株磷含量，也高于氮磷肥配施的植株磷含量；单施氮肥在拔节期的植株磷含量略高于不施肥的植株磷含量，低于单施磷肥和单施钾肥的植株磷含量，在成熟期的植株磷含量高于单施磷肥和单施钾肥的植株磷含量；单施磷肥在各生育期的植株磷含量增加量较低，说明单施磷肥可以提高植株磷含量，但效果不佳。抽穗期到盛花期的植株磷含量变化趋势基本一致，氮磷钾肥配施的植株磷含量最高，氮磷肥配施次之，单施氮肥、磷肥、钾肥配施的磷含量之间有所差异。氮磷钾肥配施在成熟期的磷含量较氮磷肥配施的磷含量显著增加 16.6%，较单施氮肥的磷含量显著增加 47.2%，较单施磷肥显著增加 83.5%，较单施钾肥显著增加 60.9%，较不施肥显著增加 114.3%［图 3.12（b）］。

羊草植株的钾含量随羊草生长发育呈下降趋势。拔节期的植株钾含量最高，成熟期的植株钾含量最低。单施钾肥在羊草各生育期的钾含量显著高于不施肥的钾含量，说明施入钾肥提高了羊草植株的钾含量；单施磷肥能提高羊草各生育期的钾含量，在拔节期显著提高钾含量，抽穗期到成熟期的钾含量有所增加，但增加量较小；单施氮肥显著提高羊草各生育期的钾含量，显著高于不施肥的钾含量；氮磷钾肥配施在各生育期的植株钾含量显著高于其他处理植株钾含量，成熟期的植株钾含量较单施氮肥显著增加 16.4%，较单施磷肥显著增加 82.2%，较单施钾肥显著增加 19.8%，较不施肥显著增加 89.9%。

2. 施肥对羊草氮、磷、钾吸收的影响

羊草氮、磷、钾吸收量在各生育期差异较大。羊草植株在拔节期氮、磷、钾吸收量最低，随着羊草的生长发育，氮、磷、钾吸收量逐渐增大，施肥对羊草植株各生育期氮、磷、钾吸收量的影响非常显著。

羊草植株在各生育期的氮吸收量不同，施肥可显著提高植株氮吸收量，不施肥的羊草植株拔节期氮吸收量最低，成熟期氮吸收量达最高。不同施肥处理对各生育期羊草植株的氮吸收量影响不同。单施氮肥对各生育期的氮吸收量影响显著，拔节期的氮吸收量最低，拔节期到盛花期的氮吸收量呈明显增加趋势，盛花期氮吸收量达最高，成熟期的氮吸收量有所下降，抽穗期和成熟期的氮吸收量相差不大；单施磷肥、单施钾肥的氮吸收量与单施氮肥的氮吸收量变化趋势相同，单施氮肥的植株氮吸收量明显优于单施磷肥和单施钾肥；氮磷肥配施的植株氮吸收量较单施氮肥增加 58.9%，氮磷钾肥配施的植株氮吸收量最高，较氮磷肥配施的氮吸收量增加 35.0%。氮磷肥配施的植株氮吸收量显著高于单施氮肥的植株氮吸收量，氮磷钾肥配的植株氮吸收量显著高于氮磷肥配施的植株氮吸收量，氮磷肥配施和氮磷钾肥配施的植株氮吸收量变化趋势相同，从拔节期开始植株的氮吸收量呈明显增加趋势，初花期氮吸收量最高，盛花期氮吸收量有所下降，成熟期氮吸收量下降明显。在羊草生长的各生育期中，无论单施氮肥还是配合施用氮肥都能显著提高植株的氮吸收量，表明土壤中氮素不能满足羊草生长，需要通过施用氮肥来满足羊草生长对氮素的需求［图 3.13（a）］。

羊草植株在各生育期的磷吸收量不同，施肥可显著提高植株磷吸收量，不同施肥处理对各生育期羊草植株磷吸收量的影响不同。单施氮肥对磷吸收量影响大于单施磷肥和单施钾肥，单施磷肥植株的磷吸收量较不施肥增加 161.2%；肥料配施显著提高植株的磷吸收量，氮磷钾肥配施的磷吸收量最大；氮磷肥配施的磷吸收量较单施氮肥增加 53.3%，较单施磷肥增加 165.0%；氮磷钾肥配施较氮磷肥配施的磷吸收量增加 36.6%，较单施氮肥的磷吸收量增加 109.4%，较单施磷肥的磷吸收量增加 262.1%，较单施钾肥的磷吸收量增加 262.7%。

不同施肥处理对各生育期的磷吸收量影响显著。不施肥处理在拔节期的植株磷吸收量最低，盛花期磷吸收量最大，成熟期磷吸收量有所下降；单施磷肥在拔节期的磷吸收量最低，抽穗期磷吸收量大幅增加，初花期至盛花期磷吸收量有所增加，但增幅较小，成熟期磷吸收量比盛花期有所降低；单施钾肥的磷吸收量在拔节期最低，初花期磷吸收量达到最高，盛花期到成熟期磷吸收量降低，成熟期磷吸收量低于盛花期，但高于抽穗期的磷吸收量；单施氮肥也是在拔节期最低，抽穗期到初花期磷吸收量快速增加，盛花期磷吸收量略高于初花期，成熟期磷吸收量高于抽穗期；肥料配施更有益于羊草对磷的吸收，氮磷肥配施和氮磷钾肥配施在各生育期的磷吸收量远远高于单施氮肥，抽穗期到初花期磷吸收量急剧增大，初花期磷吸收量最高，盛花期的磷吸收量略高于成熟期的磷吸收量，氮磷肥配施和氮磷钾肥配施对各生育期的磷吸收量影响显著，对各生育期的磷吸收量影响趋势大致相同［图 3.13（b）］。

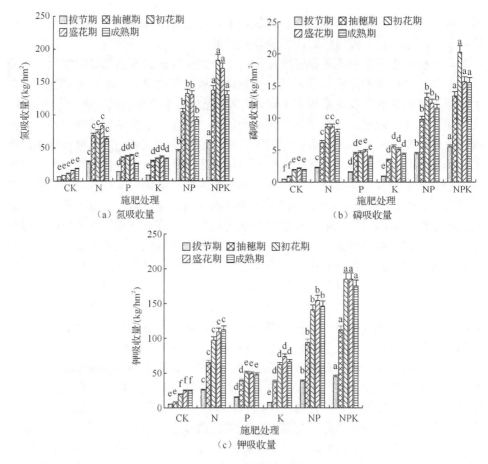

图 3.13　羊草不同生育期氮、磷、钾吸收量

　　羊草各生育期的钾吸收量不同，施肥均可显著增加羊草钾吸收量，但增加幅度不同。不同施肥处理对各生育期羊草植株钾吸收量的影响不同。单施钾肥较不施肥显著增加 202.8%，单施磷肥较不施肥显著增加 144.6%，单施氮肥促进植株钾素吸收的效果优于单施磷肥和单施钾肥，单施氮肥植株钾吸收量是不施肥的 5.01 倍。肥料配施更有利于植株对钾素的吸收，氮磷钾肥配施的钾吸收量最高，较氮磷肥配施增加 24.4%，较单施氮肥、磷肥和钾肥分别增加 71.6%、251.3% 和 183.8%。

　　拔节期的植株钾吸收量最低，不同施肥处理对各生育期的钾吸收量影响显著。不施肥处理的植株钾吸收量随羊草生长而增加，成熟期钾吸收量最高，盛花期和成熟期的磷吸收量相差不大；单施钾肥的钾吸收量从拔节期到盛花期快速增加，在盛花期达最高，成熟期的钾吸收量下降，略高于初花期的钾吸收量；单施磷肥的钾吸收量在初花期最高，从盛花期到成熟期钾吸收量降低；单施氮肥的钾吸收量随羊草生育期而增加，成熟期的钾吸收量最高，进入初花期后钾吸收量增加速率明显减缓；氮磷肥配施的钾吸收量与单施氮肥的钾吸收量变化趋势大致相同，单施氮肥的钾吸收量明显低于氮磷肥配施的钾吸收量；氮磷钾肥配施对各生育期的钾吸收量影响显著，初花期的钾吸收量最高，初花期和盛花期的钾吸收量相差不大，成熟期钾吸收量降低，各生育期的钾吸收量变化趋势与单施磷肥大致相同[图 3.13（c）]。

3.2　施氮量效应研究

氮是植物生长的必需营养元素之一。氮在植物体内是蛋白质、核酸和叶绿素的重要成分，与植物体的细胞增长和新细胞形成有密切关系。氮素营养是影响牧草产草量和品质的主要因素，合理施用氮肥既可以满足牧草生长发育对氮素营养的需要，又能保证土壤氮素养分持续供给，维护土壤养分平衡，是提高草地生产力和持续利用草地的重要技术措施。学者对人工草地特别是对豆科牧草代表植物苜蓿草地的氮肥应用已开展了大量研究，关于氮肥对禾本科饲草产草量和饲草品质影响的研究相对较少，施用氮肥对羊草地产草量方面已有不少研究，人工羊草地上施用氮肥对羊草产量、品质和养分吸收特性的影响，对种子产量及其构成因子的影响鲜见报道。本节探讨在人工羊草地施用氮肥对种子产量、产草量和品质的影响，为人工羊草地合理施用氮肥提供依据。

3.2.1　施氮量对羊草种子产量及其构成因子的影响

羊草种子产量是大面积建植人工羊草地和恢复退化天然草原的重要保证条件。由于羊草生产中存在抽穗率低和结实率低等问题，羊草种子产量低，无法满足生产需求，羊草种子供需矛盾严重影响人工羊草地建设和退化草地恢复改良。羊草种子紧缺是草牧业生产中长期面对的问题，在建植的人工羊草地上通过施用氮肥措施，提高羊草种子产量，解决羊草种子供需矛盾，满足生态环境建设用种需求。

1. 施氮量对羊草种子产量的影响

随羊草种植年限延长，羊草的种子产量逐年增加，2015 年种子产量分别是 2014 年和 2013 年的 1.93 倍和 4.13 倍，年际间种子产量差异显著。施用氮肥可提高羊草种子产量，种子产量随施氮量增加的变化趋势在不同的年份表现不尽相同（图 3.14）。

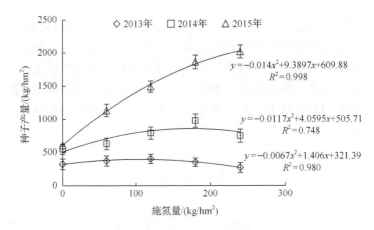

图 3.14　不同施氮水平下羊草种子产量

2013 年，施用氮肥对羊草种子产量有一定的影响，种子产量随施氮量增加呈先增加后减少的趋势，施氮量为 104.9kg/hm² 时种子产量最高，为 395.2kg/hm²，施氮处理间差异未达显著水平。

2014 年，种子产量也表现出随施氮量增加先增加后降低的趋势，施氮量在 173.5kg/hm² 时种子产量最高，为 857.8kg/hm²，较不施氮肥显著增产 56.0%。继续增施氮肥，种子产量下降，未表现出施肥的增产效应。

2015 年，施用氮肥对羊草种子产量的影响显著。羊草种子产量随施氮量增加而增加，施氮量为 180kg/hm² 时种子产量达较高水平，为 1865.0kg/hm²。继续增加氮肥用量，种子产量增幅变小，施氮量为 240kg/hm² 与 180kg/hm² 时种子产量差异不显著，施氮量和年际的主效应以及交互作用对羊草种子产量影响显著（$P < 0.05$）。

种子产量在年际间变化较大，不同年份的施肥效应不同，各年最高种子产量的施氮量各不相同。2013 年以施氮 104.9kg/hm² 为宜；2014 年施氮 173.5kg/hm² 时种子产量最高，为 857.8kg/hm²；2015 年施氮 180kg/hm² 时，种子产量达较高水平，为 1865.0kg/hm²。羊草种子最大产量时的适宜施氮量为 104.9～180.0kg/hm²，施氮量有逐年增加的趋势。羊草随种植年限延长，种子需氮量增大，种子高产所需氮肥用量增大，不同年份的氮素利用效率不同，因此各年最高种子产量的施氮量不同，经济施用氮肥可以获得较高的种子产量。

2. 施氮量对羊草种子产量构成因子的影响

羊草的种子产量由抽穗数、穗粒数、粒重组成，种子产量和产草量与总茎数和抽穗数关系密切。单位面积总茎数和抽穗数随着羊草生长逐渐增多，通过增加总茎数增加抽穗数，通过水肥管理措施来增加穗数、穗粒数和提高粒重，达到提高种子产量的目标。

　　随着羊草生长年限的延长,总茎数逐渐增加,2015 年总茎数是 2014 年的 1.28 倍,是 2013 年的 3.75 倍(图 3.15)。羊草总茎数随着施氮量增加呈增加趋势,三 年最大总茎数均出现在施氮量为 240kg/hm² 时,2013 年、2014 年、2015 年较不施 氮肥的总茎数分别增加 51.2%、75.6%、62.0%。施氮量和年际的主效应以及交互 作用对羊草总茎数影响显著(P＜0.05),尤其是年际的影响。

　　随着羊草生长年限的延长,抽穗数逐渐增加,2015 年的抽穗数是 2014 年的 2.47 倍,是 2013 年的 7.53 倍。2013 年抽穗率较低,2014 年抽穗率与 2013 年相 比增加不明显,2015 年的抽穗率显著增加,增加了 87.4%。2013 年和 2014 年抽 穗数随着施氮量的增加呈先增加后减少的趋势。2013 年当年施用氮肥对抽穗数有

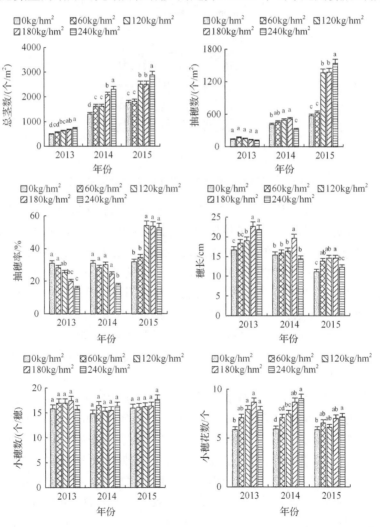

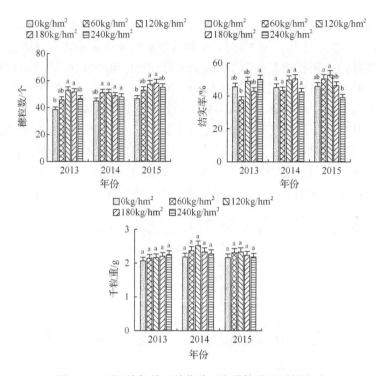

图 3.15　不同施氮量对羊草种子产量构成因子的影响

一定的影响，由于施肥时间短，对总茎数和抽穗数的影响较小，不同施氮量对抽穗数的影响差异不显著，随着羊草生长，对抽穗数的影响逐步加大。2014 年，施氮量为 180kg/hm² 时抽穗数达到最大，较不施氮肥显著增加 25.4%。2015 年，羊草抽穗数随着施氮量的增加呈不断上升趋势，施氮量 240kg/hm² 时抽穗数最大，较不施氮肥增加 166.9%。2013 年和 2014 年施用氮肥的羊草抽穗率为 13.8%～31.3%，均低于不施氮肥；2015 年抽穗率随施氮量的增加先增大后减小，施氮量为 120kg/hm² 时最大，为 54.46%，较不施氮肥显著增加 69.71%（图 3.15）。施氮量和年际的主效应以及交互作用对羊草抽穗数和抽穗率影响显著（$P<0.05$），尤其是年际的影响。

随着羊草生长年限延长，穗长呈降低趋势，与 2013 年相比，2014 年和 2015 年降幅分别为 18.6% 和 32.7%。施用氮肥对穗长有较大影响，随着施氮量的增加，穗长呈先增加后降低的趋势，三年穗长的最大值均出现在施氮量为 180kg/hm² 时，2013 年、2014 年、2015 年较不施氮肥的穗长分别增加 36.6%、27.8% 和 31.9%（图 3.15）。施氮量和年际的主效应以及交互作用对穗长影响显著（$P<0.05$）。

施用氮肥可以增加羊草的小穗数，但施氮量和年际的主效应以及交互作用对小穗数影响均不显著。与 2013 年相比，小穗数在 2014 年无明显变化，2015 年明显降低，降幅达 12.6%。增施氮肥有利于小穗数的增加。2013 年和 2014 年施氮量为 60kg/hm² 的小穗花数较不施氮肥差异不显著，施氮量为 120kg/hm² 以上时，能显著增加小穗花数；2015 年施氮量为 240kg/hm² 时小穗花数显著高于其他施氮处理（图 3.15）。施氮量和年际的主效应对小穗花数影响显著（$P<0.05$）。

施用氮肥可以增加羊草的穗粒数，羊草穗粒数随着施氮量增加呈先增加后降低的趋势。2013 年施氮量为 120kg/hm² 时穗粒数最多，较不施氮肥增加 37.5%；2014 年施氮量为 60kg/hm² 时穗粒数最多，不同施氮量间差异不显著；2015 年施氮量为 180kg/hm² 时穗粒数最多，较不施氮肥增加 25.6%（图 3.15）。不同年份的不同施氮量对穗粒数的影响有较大差异，合理施用氮肥能增加穗粒数，进而增加种子产量。

影响结实率的因素较多，施用氮肥对结实率有较大的影响。2013 年，不同施氮量对结实率的影响没有规律性的变化；2014 年，不同施氮量对结实率的影响差异不显著；2015 年，结实率随施氮量增加先增加后减少，施氮量为 120kg/hm² 时的结实率最大，较不施氮肥增加 20.9%（图 3.15）。施氮量的主效应对穗粒数和结实率影响显著，年际的主效应及其与施氮量的交互作用对穗粒数和结实率影响均不显著。

施用氮肥有利于千粒重的增加。2013 年是第一次施用氮肥，千粒重随施氮量的增加而增加，施氮量最大时千粒重达最大值；2014 年和 2015 年的千粒重随施氮量的增加先增加后减少，在施氮量为 120kg/hm² 时千粒重达最大值，再增加施氮量千粒重开始下降。施氮量为 120kg/hm² 时，2014 年种子千粒重大于 2013 年和 2015 年的千粒重，千粒重在年际间有较大差异（图 3.15）。

抽穗数与种子产量呈极显著正相关（$r=0.883^{**}$，$P<0.01$），抽穗数对种子产量的直接作用最大（0.717），通过其他因子产生的间接作用较小，说明抽穗数对种子产量的作用主要来自于本身。总茎数与种子产量呈极显著正相关（$r=0.866^{**}$，$P<0.01$），总茎数对种子产量的直接作用较小，间接作用最大（0.689），且主要是通过抽穗数产生的正效应。可能是因为总茎数与抽穗数呈极显著正相关（$P<0.01$），较大的总茎数是获得较多生殖枝的基础。穗粒数与种子产量呈极显著正相关（$P<0.01$），直接作用为 0.281，间接作用主要是通过总茎数和抽穗数产生的正效应。穗长与种子产量呈极显著负相关（$P<0.01$），穗长对种子产量的直接作用非常小，间接作用主要是通过总茎数和抽穗数产生的负效应，因为穗长与总茎数、抽穗数呈极显著负相关。小穗数与种子产量的相关系数较小，未达到显著水平；小穗数对种子产量的直接作用和间接作用均非常小，说明小穗数对种子产量的影响不明显。千粒重和小穗花数与种子产量呈负相关，但未达到显著水平，千粒重和小穗花数与抽穗数呈显著负相关，千粒重和小穗花数对种子产量的直接作用为较小的负效应，间接作用主要是通过抽穗数产生的负效应。抽穗数与穗长、千粒重和小穗花数呈显著负相关，说明抽穗数增加，生殖枝间养分、空间等竞争加剧，

影响种子发育，穗长、千粒重和小穗花数降低，进而间接影响种子产量（表 3.1 和表 3.2）。

表 3.1 产量构成因子与种子产量的相关性

因子	X_1	X_2	X_3	X_4	X_5	X_6	X_7	Y
X_1	1							
X_2	0.820**	1						
X_3	0.533**	0.154	1					
X_4	−0.101	−0.382*	0.117	1				
X_5	−0.703**	−0.709**	−0.211	0.087	1			
X_6	−0.037	0.082	0.102	−0.102	0.081	1		
X_7	−0.207	−0.426*	0.263	0.203	0.502**	0.254	1	
Y	0.866**	0.883**	0.462**	−0.292	−0.629**	0.162	−0.258	1

注：X_1 为总茎数；X_2 为抽穗数；X_3 为穗粒数；X_4 为千粒重；X_5 为穗长；X_6 为小穗数；X_7 为小穗花数；Y 为种子产量；相关系数通过 Pearson 双尾检验得出；分析采用 2013～2015 年的数据；*和**分别表示在 0.05 和 0.01 水平显著相关。

表 3.2 种子产量构成因子的通径分析

因子	相关系数	直接作用	间接作用							
			X_1-Y	X_2-Y	X_3-Y	X_4-Y	X_5-Y	X_6-Y	X_7-Y	合计
X_1	0.866	0.177	—	0.588	0.150	0.002	−0.058	−0.003	0.010	0.689
X_2	0.883	0.717	0.145	—	0.043	0.008	−0.058	0.007	0.020	0.165
X_3	0.462	0.281	0.094	0.110	—	−0.003	−0.017	0.009	−0.013	0.180
X_4	−0.292	−0.022	−0.018	−0.274	0.033	—	0.007	−0.009	−0.010	−0.271
X_5	−0.629	0.082	−0.124	−0.508	−0.059	−0.002	—	0.007	−0.024	−0.710
X_6	0.163	0.085	−0.007	0.059	0.029	0.002	0.007	—	−0.012	0.078
X_7	−0.258	−0.048	−0.037	−0.305	0.074	−0.004	0.041	0.022	—	−0.209

注：R^2=0.947；通径系数通过多元回归的方法得出；分析采用 2013～2015 年的数据。

统计分析表明，抽穗数对种子产量贡献最大。施用氮肥不仅增加了羊草的抽穗数，显著增加了羊草植株的穗长、小穗花数、穗粒数，显著提高了羊草的结实率，还有利于增加千粒重和小穗数。种子产量在年际间变化较大，主要是因为抽穗数的年际间变化极为明显。2013 年施用氮肥后羊草抽穗数差异不显著，说明羊草抽穗数不受当年施用氮肥的影响，而与上一年夏季到秋季的子株有关。2014 年和 2015 年施用氮肥后的羊草抽穗数显著增加，受前一年成熟期刈割后施用氮肥的影响，分蘖芽和根茎芽显著增加。羊草有性繁殖过程跨越两个生长季，种子完熟后分蘖芽和根茎芽开始出现，翌年开始抽穗、开花、结实。在种子完熟后进行浇水和施用氮肥，母株的同化能力显著提高，进而促进这些对翌年抽穗有贡献的地下芽和子株产生。羊草单株生殖枝生产力取决于植株的穗长、小穗花数、穗粒数和千粒重，种子产量是抽穗数和单株生殖枝生产力共同作用的结果。羊草在进行有性繁殖的同时，还进行无性繁殖，营养物质在生殖器官和其他器官之间存在竞争。氮肥第一次在返青期施入，第二次在种子收获后施入，建议在这两个关键阶段采取水肥管理等措施，以提高翌年的抽穗数，进而为提高种子产量打下坚实的基础。

水分对植物总分蘖数及有效分蘖数有着显著的促进作用，不同时期施用氮肥对当年羊草的抽穗数没有显著影响（王俊峰，2010）。植物对养分的吸收、转运和利用过程都依赖于土壤水分，水分含量的高低在很大程度上决定着肥料的合理用量。2012～2014 年 8～10 月降水量逐年增加，2014 年 8～10 月降水量分别是 2013 年和 2012 年同期的 1.40 倍和 1.60 倍，2015 年抽穗数是 2014 和 2013 年的 2.47 倍和 7.53 倍，这表明该阶段的降水量影响下一生长季的抽穗数。

3.2.2　施氮量对羊草产草量和植株性状的影响

1. 施氮量对羊草产草量的影响

评价人工草地生产能力的最主要指标是牧草产草量，研究羊草生产能力形成的影响因素，有利于揭示人工羊草地系统生产力规律和优质高产的途径。

氮肥对羊草产草量有明显促进效果，一年两次刈割的产草量随施氮量增加而增加（图 3.16）。羊草返青后进入快速生长期，抽穗后至初花期是禾本科饲草的最佳刈割期，以利用牧草为主的羊草第一次刈割选在盛花期，此时刈割的牧草品质好，产草量也最大，第二次刈割选在羊草地上部分缓慢生长的 8 月下旬。

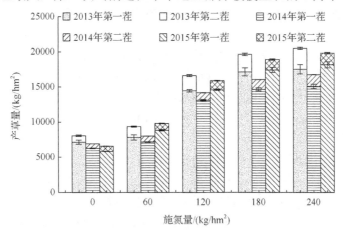

图 3.16　不同施氮水平下羊草产草量

从 2013 年、2014 年和 2015 年三年试验结果来看，施氮量为 180kg/hm² 时产草量达较高水平，2013 年、2014 年、2015 年较不施氮肥分别显著增加 144.2%、132.8%、188.4%，继续增加施氮量的羊草产草量增幅变小，与施氮量为 180kg/hm² 时差异不显著。施氮量为 240kg/hm² 时产草量最高，但氮肥利用率和增产效益均较低，施氮量为 180kg/hm² 时产草量、氮肥利用率和增产效益均介于施氮量为 120kg/hm² 和 240kg/hm² 之间。施氮量较低时氮肥利用率高，但明显降低了生物量，施氮量较高时，会降低氮肥的利用效率，造成氮肥资源的浪费。2013 年、2014 年和 2015 年施氮量分别为 167.8kg/hm²、168.3kg/hm² 和 152.6kg/hm² 时羊草的产草量最大，增产效益最高。从肥料增产效益来看，2013 年、2014 年和 2015 年每千克纯氮最高增产量分别为 65.2kg、53.0kg 和 76.9kg，在氮肥施用量超过 167.8kg/hm²、168.3kg/hm² 和 152.6kg/hm² 时，增产量开始减小，氮肥增产效益降低。

2. 施氮量对羊草植株性状的影响

羊草产草量与植株密度和株高密切相关，植株密度与分蘖数或总茎数相关，株高与植株叶长、叶宽密切相关。营养充足时，植株分蘖多，总茎数多，蘖上着生的复叶越多，生物产量也就越高。施用氮肥能明显增加植株密度和株高，不同施氮水平下羊草的株高、叶长、叶宽和总茎数都随植株生长持续增加。羊草株高和总茎数的增长呈现出"快—慢—快"的规律，经过一段时间明显的稳定生长之后进入第二个快速生长阶段；叶长和叶宽增长则呈现出"快—慢"的变化规律，同样存在一个明显的稳定生长阶段（图 3.17）。

不同时期的株高在不同施氮量时有较大差异。不施氮肥的羊草株高在各生育期最小；施氮量为 180kg/hm² 的株高在拔节期和抽穗期显著大于施氮量为 120kg/hm²、60kg/hm² 时的株高，与施氮量为 240kg/hm² 时差异不显著；施氮量为 240kg/hm² 的羊草株高在初花期、盛花期和成熟期均显著高于其他施氮处理的株高。

在羊草生长的各阶段，施用氮肥对总茎数的影响最大，总茎数都随施氮量的增加而增加。施氮量越大，各生育期的总茎数越大。施氮量为 240kg/hm² 时，拔节期的分蘖数最大，抽穗期、初花期和盛花期时的总茎数也最大，只是在成熟期施氮量为 180kg/hm² 的总茎数与施氮量为 240kg/hm² 差异不显著，但与其他施氮处理差异显著。

拔节期不同施氮水平下的叶长差异不显著，抽穗期施氮量为 240kg/hm² 的叶长显著大于其他施氮处理，初花期、盛花期和成熟期施氮量为 120kg/hm²、180kg/hm² 和 240kg/hm² 时叶长差异不显著，但显著大于施氮量为 60kg/hm² 和不施氮肥时的叶长。拔节期、抽穗期和初花期施氮量为 240kg/hm² 的叶宽最大，与施氮量为 180kg/hm² 的叶宽差异不显著，但与其他施氮处理的叶宽差异显著；盛花期和成熟期施氮量为 120kg/hm²、180kg/hm² 和 240kg/hm² 时叶宽差异不显著，但显著大于施氮量为 60kg/hm² 时的叶宽，不施氮肥的叶宽最小。施氮量为 120kg/hm² 时株高、叶长和叶宽增长速率最快。

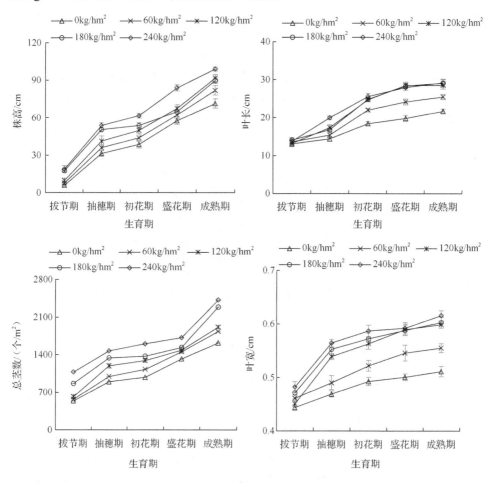

图 3.17　不同施氮量对羊草生长的影响

3. 施氮量对羊草叶绿素含量的影响

叶绿素是作物光合反应的必需物质，在光合作用中起到吸收和传递光能的作用，其含量是反映植物叶片光合能力的一个重要指标。充足的叶绿素含量可促进作物积累更多的干物质，有效提高作物产量和品质。有关氮肥对牧草叶绿素含量影响的报道较多。在人工羊草地，羊草上部叶片和下部叶片的叶绿素含量随着施氮量的提高呈先增加后降低的趋势，施氮量为 150kg/hm² 时叶绿素含量最高。氮素促进植株体内叶绿素和蛋白质的合成，并使营养体生长旺盛，但当氮素用量过多时，叶片叶绿素含量下降。利用叶绿素仪测定的 SPAD 值是间接反映叶片叶绿素含量的指标，可用于诊断氮肥追施和指导施肥（候文慧等，2021）。

随着羊草植株的生长，叶片 SPAD 值呈先增加后降低的趋势，峰值出现在盛花期（图 3.18）。随施氮量增加，叶片 SPAD 值逐渐增加，表明增施氮肥有利于提高叶片叶绿素相对含量，这为提高光合速率和干物质积累量奠定了基础。施氮量为 180kg/hm² 和施氮量为 240kg/hm² 时，各生育期的叶片 SPAD 值显著大于不施氮肥的叶片 SPAD 值，施氮量为 180kg/hm² 和施氮量为 240kg/hm² 时叶片的 SPAD 值差异不显著，其中施氮量为 180kg/hm² 在拔节期时的叶片 SPAD 值较不施氮肥增大 7.4%，在各生育均有所提高。

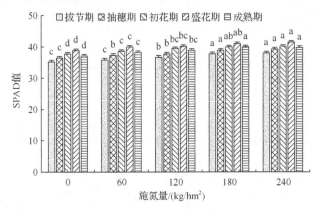

图 3.18　不同施氮量对羊草不同生育期 SPAD 值的影响

施用氮肥明显提高植株叶绿素含量，且随氮肥施用量的增加而增加，叶片 SPAD 值与施氮量的回归方程为 $y = 0.0115x + 37.146$（$R^2 = 0.9769$），其中 y 为叶片 SPAD 值，x 为施氮量（kg/hm²）。施氮量为 240kg/hm² 时植株叶片 SPAD 值最高。施氮量为 120kg/hm² 时叶片 SPAD 值较不施氮肥增加 4.2%，施氮量为 180kg/hm² 时叶片 SPAD 值较施氮量为 120kg/hm² 时高出 2.2%，施氮量为 240kg/hm² 时叶片 SPAD 值较施氮量为 180kg/hm² 时增加不到 1%。随施氮量增加，叶片 SPAD 值增加，但是增幅减小，为节约资源和提高羊草叶绿素含量，应选择适宜的施氮量。

研究表明，随羊草生长进程，叶绿素含量呈先增加后降低的趋势，在盛花期达最大。叶绿素含量随施氮量增加而增加，氮肥有提高羊草叶绿素含量的作用。

4. 施氮量对羊草干物质积累量的影响

在羊草生长发育的过程中，植株的干物质积累量呈持续增加的趋势。羊草生育前期生长缓慢，拔节期到初花期干物质积累明显加快，干物质积累量占总积累量的 60%左右，生育后期又趋于平缓。羊草不同生育期干物质积累量的动态变化近似呈"S"形，施用氮肥影响羊草不同生育期的干物质积累量，但不影响整个生育阶段的干物质积累量总趋势。在整个生育阶段，施氮量越大，干物质积累量越大，均以施氮量为 240kg/hm² 时的干物质积累量最高。不同氮肥水平在返青期的干物质积累量差异不显著；施氮量为 180kg/hm² 时，拔节期和抽穗期的干物质积累量较高，与施氮量为 240kg/hm² 时差异不显著，但显著高于其他施氮处理；在初花期、盛花期和成熟期，施氮量为 240kg/hm² 时干物质积累量显著高于其他施氮处理，说明在羊草生育后期所需氮肥量要高于生育前中期（图 3.19）。

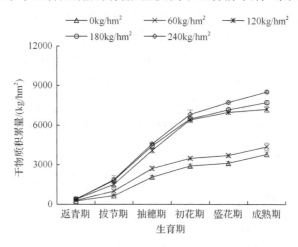

图 3.19　不同施氮量对羊草干物质积累量的影响

羊草成熟期干物质积累量与施氮量的回归方程为 $y = 12.963x + 2208.8$（$R^2 = 0.8925$），其中 y 为干物质积累量（kg/hm²），x 为施氮量（kg/hm²）。施氮量为 240kg/hm² 时干物质积累量最高，为 4988kg/hm²。增加施氮量有利于提高干物质积累量，施氮量为 120kg/hm² 时干物质积累量比不施氮肥增加 107.5%；施氮量为 180kg/hm² 时干物质积累量与施氮量为 120kg/hm² 相比增加不足 6%；施氮量为 240kg/hm² 时干物质积累量比施氮量为 180kg/hm² 高出 6.8%。羊草干物质积累量随着施氮量的增加而增加，但过量施氮对干物质积累量的增加效果并不明显，施氮量为 150.7kg/hm² 时的干物质积累量增加最为明显。

3.2.3　施氮量对羊草营养品质的影响

牧草的品质优劣很大程度上取决于植株自身的粗蛋白和粗纤维含量，提高粗蛋白含量、降低粗纤维含量是改善牧草品质的重要内容，也可以提高牧草的适口性，提高牧草的营养价值。

1. 施氮量对羊草粗蛋白的影响

改善牧草的营养物质、提高牧草中粗蛋白含量也就提高了牧草品质。不同生长阶段的羊草植株营养物质含量变化较大，粗蛋白含量随着羊草生长发育呈下降的趋势。返青期、拔节期的粗蛋白含量最高，为 12.9%～18.1%，成熟期的粗蛋白含量最低，为 4.2%～11.9%。不同生育期的粗蛋白含量差异显著（$P<0.05$），这是因为随着植株的生长，茎叶比例发生变化，营养物质也随植株的发育而不断向种子转移。

施用氮肥有利于提高植株的粗蛋白含量，随着施氮量增加，不同生育期的粗蛋白含量均呈先增加后降低的趋势。施氮量为 180kg/hm² 时粗蛋白含量最高，与不施氮肥差异显著（$P<0.05$），施氮量为 240kg/hm² 时粗蛋白含量次之。施氮量为 120kg/hm² 时，拔节期和抽穗期的粗蛋白含量较高，较不施氮肥分别增加 37.6%、54.2%，与施氮量为 180kg/hm² 和 240kg/hm² 时差异不显著，但显著高于施氮量为 60kg/hm² 时的粗蛋白含量，不施氮肥的粗蛋白含量最低。施氮量为 180kg/hm² 时，各生育期粗蛋白含量最高，初花期和盛花期粗蛋白含量较不施氮肥增加 70%左右，成熟期粗蛋白含量较不施氮肥增加 160.6%，显著高于其他施氮处理（图 3.20）。

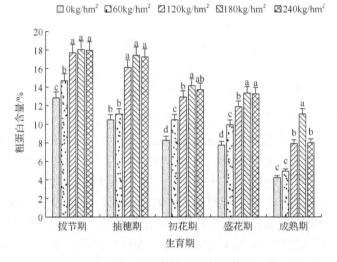

图 3.20 不同施氮量对羊草不同生育期粗蛋白含量的影响

羊草粗蛋白含量与施氮量的回归方程为 $y = 0.0254x + 9.162$（$R^2 = 0.846$），其中 y 为粗蛋白含量（%），x 为施氮量（kg/hm²）。增加施氮量有利于提高粗蛋白含量，施氮量为 120kg/hm² 时粗蛋白含量比不施氮肥增加 52.8%；施氮量为 180kg/hm² 时粗蛋白含量与施氮量为 120kg/hm² 相比增加 11.4%；施氮量为 240kg/hm² 和 180kg/hm² 的粗蛋白含量几乎无差别。通过分析可得，施氮量为 130kg/hm² 左右时，粗蛋白含量增加最为明显，过量施用氮肥的粗蛋白含量增加并不明显。

粗蛋白产量是衡量饲草品质的重要指标之一，确定适宜的刈割期可以获得单位面积营养物质的最大量。在确定适宜刈割期时，必须考虑牧草生育期内干物质产量的增长和营养物质的动态变化。不同生育期的羊草粗蛋白产量差异较大，随生育期推进，羊草粗蛋白产量呈先上升后下降的趋势，盛花期最高，成熟期粗蛋白含量显著下降，影响了羊草养分的积累，导致粗蛋白产量显著下降。施用氮肥可以增加羊草粗蛋白含量及干物质积累量，因此粗蛋白产量在氮肥的作用下显著增加。盛花期粗蛋白产量较其他时期有所增加，施氮量为 240kg/hm² 时粗蛋白产量最高，为 1015.9kg/hm²。施氮量为 180kg/hm² 时，拔节期、抽穗期、初花期和盛花期的粗蛋白产量均较高，与施氮量为 240kg/hm² 时的粗蛋白产量差异不显著。施氮量为 180kg/hm² 时成熟期的粗蛋白产量显著高于其他施氮处理（图 3.21）。

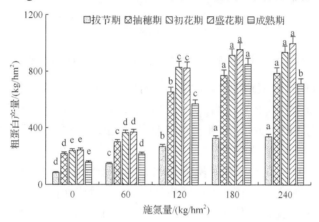

图 3.21　不同施氮量对羊草不同生育期粗蛋白产量的影响

2. 施氮量对羊草粗纤维的影响

牧草中的粗纤维含量直接影响家畜对饲草的消化率。粗纤维含量高，牧草消化率低，粗纤维含量低则易被家畜消化吸收，利用率提高。随着羊草不断生长发育，植株中粗纤维含量逐渐增加，消化率大为降低。拔节期的粗纤维含量最低，为 22.2%～23.7%，成熟期粗的纤维含量最高，为 32.7%～35.0%（图 3.22）。

施用氮肥对植株粗纤维含量有明显影响，随着施氮量的增加，植株粗纤维含量减少。施氮量为 240kg/hm² 时，拔节期的粗纤维含量显著低于其他施氮处理的粗纤维含量。各施氮处理间，粗纤维含量在抽穗期差异不显著。施氮量为 180kg/hm² 时，初花期的粗纤维含量最低，与不施氮肥的粗纤维含量差异显著。随施氮量增加，盛花期的粗纤维含量呈下降的趋势，施氮量为 240kg/hm² 时的粗纤维含量最低，且显著低于其他施氮处理的粗纤维含量。施氮量为 120kg/hm² 时，成熟期的粗纤维含量显著低于不施氮肥，且与施氮量为 180kg/hm² 和 240kg/hm² 时的粗纤维含量差异不显著。

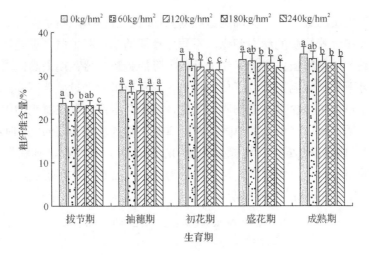

图 3.22　不同施氮量对羊草不同生育期粗纤维含量的影响

羊草粗纤维含量与施氮量的回归方程为 $y = -0.0061x + 30.321$（$R^2 = 0.9265$），其中 y 为粗纤维含量（%），x 为施氮量（kg/hm²）。施用氮肥有利于粗纤维含量的减少，施氮量为 142.9kg/hm² 时粗纤维含量的降幅最大。合理施用氮肥可以明显提高羊草消化率，提高羊草品质。

羊草粗纤维产量取决于粗纤维含量和干物质积累量。粗纤维产量随着植株生长显著增加。虽然施用氮肥可以降低粗纤维含量，但施用氮肥大幅提高了干物质积累量，所以施用氮肥显著增加粗纤维产量。在不同生育期，不施氮肥的粗纤维产量最低，施氮量为 120kg/hm²、180kg/hm² 和 240kg/hm² 时的粗纤维产量显著高于施氮量为 60kg/hm² 的粗纤维产量。施氮量为 120kg/hm² 与 180kg/hm² 时在初花期和盛花期的粗纤维产量差异不显著，施氮量为 240kg/hm² 时成熟期的粗纤维产量显著高于施氮量为 120kg/hm² 和 180kg/hm² 时成熟期的粗纤维产量。在成熟期刈割时，施用氮肥处理的粗纤维产量较其他生育期都有所增加，施氮量为 240kg/hm² 时的粗纤维产量达最大，为 2784.9kg/hm²（图 3.23）。

3. 施氮量对羊草粗脂肪的影响

脂肪是含能量最多的营养素，牧草中的脂肪可提高牧草的消化率，有助于畜禽的生长发育。不同生育期的粗脂肪含量差异显著（$P < 0.05$），羊草植株的粗脂肪含量随着生长整体上呈下降趋势，拔节期的粗脂肪含量显著高于其他生长期，粗脂肪含量最高，为 2.71%～2.85%，成熟期的粗脂肪含量最低，为 1.42%～1.51%（图 3.24）。施用氮肥对羊草在盛花期和成熟期的粗脂肪含量的影响不大，盛花期和成熟期粗脂肪含量差异不显著。施用氮肥有利于提高抽穗期和初花期的粗脂肪含量，施氮量为 120kg/hm² 和 180kg/hm² 时，抽穗期和初花期的粗脂肪含量高于

不施氮肥。施用氮肥可以提高植株粗脂肪含量，但施氮量与粗脂肪含量的相关性未达到显著水平，说明施用氮肥对羊草粗脂肪含量的影响作用有限。

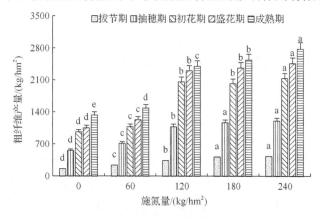

图 3.23　不同施氮量对羊草不同生育期粗纤维产量的影响

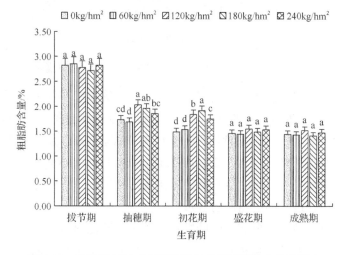

图 3.24　不同施氮量对羊草不同生育期粗脂肪含量的影响

　　羊草的粗脂肪产量取决于粗脂肪含量和干物质积累量，随着植株的生长，羊草的粗脂肪含量逐步降低，干物质积累量逐步增加。由于氮肥对羊草生长的影响，粗脂肪产量随施氮量不同而有不同的变化。在植株拔节期，不施氮肥的粗脂肪产量最低，拔节期、抽穗期快速增加，盛花期比初花期的粗脂肪产量略有增加，成熟期的粗脂肪产量与盛花期相比略有增加。不同施氮量对不同生育期的粗脂肪产量影响不同。拔节期的粗脂肪产量随施氮量的增加而增加，施氮量最大时粗脂肪产量也最大；抽穗期的粗脂肪产量随施氮量的增加而增加，施氮量为 120～240kg/hm^2 时粗脂肪产量增幅较小；初花期的粗脂肪产量在施氮量为 60kg/hm^2 时增加幅度相对较小，120kg/hm^2 时的粗脂肪产量急剧增加，施氮量为 180kg/hm^2 时的粗脂肪产量最大，施氮量为 240kg/hm^2 时的粗脂肪产量有所下降；盛花期的粗脂肪产量在施氮量为 60～120kg/hm^2 时急剧增加，120kg/hm^2 和 180kg/hm^2 时的粗脂肪产量相差不大，施氮量为 240kg/hm^2 时的粗脂肪产量有所增加；成熟期的粗脂肪产量随施氮量的增加而增加，施氮量为 240kg/hm^2 时最高（图 3.25）。

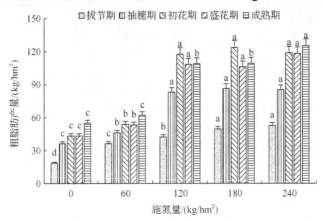

图 3.25　不同施氮量对羊草不同生育期粗脂肪产量的影响

施用氮肥显著增加各生育期的粗脂肪产量。不施氮肥在各生育期的粗脂肪产量最低，施氮量为 120kg/hm^2 以上时粗脂肪产量显著高于施氮量为 60kg/hm^2 的粗脂肪产量，这主要是因为施氮量较大时干物质积累量较高。施氮量为 180kg/hm^2 时初花期的粗脂肪产量最大，为 123.9kg/hm^2，与施氮量为 120kg/hm^2 和 240kg/hm^2 时的粗脂肪产量差异不显著，这是因为施氮量为 180kg/hm^2 时促进羊草干物质积累量快速增加和保持较高的粗脂肪含量。

氮能促进羊草植株分蘖和枝叶的发育，施用氮肥能显著增加羊草分蘖数、株高、叶长和叶宽，对产草量也有明显的影响。随着羊草生长时期的延长，羊草产草量逐渐增加，植株的粗纤维含量逐渐增加，粗蛋白和粗脂肪含量逐渐降低。早期刈割的羊草营养丰富，消化率高，适口性好，可作饲料直接饲喂牲畜，但产草量较低。在初花期以后刈割时，羊草总产量和总体营养价值高，品质优，适口性好，适合晒制干草或制作青贮饲料。

施用氮肥增加了不同生育期的粗蛋白含量和粗脂肪含量，降低了粗纤维含量，增加了羊草产草量，提高了羊草品质。施氮量为 129.2～150.1kg/hm^2 时，在初花期刈割较为适宜，羊草产草量为 10108.4～10749.2kg/hm^2，氮肥利用率为 68.7%～70.1%，每千克纯氮的增产率为 45.0～47.1kg。

3.2.4 施氮量对羊草养分含量和吸收的影响

在植物生长发育中起着重要作用的三大营养元素是氮、磷、钾，羊草植株的氮、磷、钾含量随生育期延长均呈下降趋势，施用氮肥有利于提高羊草植株的氮、磷、钾含量，提高羊草对氮、磷、钾的吸收量，提高羊草的产量和品质。

1. 施氮量对羊草氮、磷、钾含量的影响

羊草植株的氮、磷、钾含量在整个生育期中均呈下降趋势。拔节期氮、磷、钾含量最高，氮含量为 2.06%～2.89%，磷含量为 0.24%～0.31%，钾含量为 2.16%～2.58%；成熟期氮、磷、钾含量最低，氮含量为 0.68%～1.65%，磷含量为 0.10%～0.13%，钾含量为 1.16%～1.85%，不同生育期羊草植株的氮、磷、钾含量差异显著（$P<0.05$）（图 3.26）。植株氮、磷、钾含量随生长发育下降的原因是返青后植株营养生长加快，生物量积累速度加快，体内养分浓度稀释而含量下降。

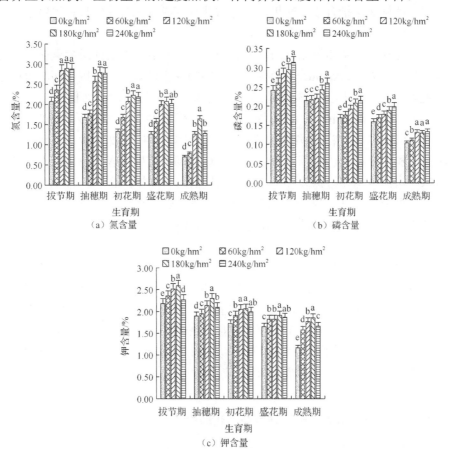

图 3.26 不同施氮量对羊草不同生育期氮、磷、钾含量的影响

施用氮肥有利于提高羊草整个生育期植株氮含量，不同施氮水平的植株氮、磷、钾含量差异显著（$P<0.05$）。在各生育期的植株氮含量随氮肥施用量增加有不同变化趋势。在拔节期，不施氮肥的植株氮含量最低，施氮量为 60kg/hm^2 与施氮量为 120kg/hm^2 时的植株氮含量显著增加，施氮量为 180kg/hm^2 时的植株氮含量最高，较不施氮肥显著增加 40.3%，施氮量为 120kg/hm^2 与施氮量为 180kg/hm^2 和 240kg/hm^2 时的植株氮含量差异不显著；在抽穗期，施氮量为 60kg/hm^2 时的植株氮含量有所增加，施氮量为 120kg/hm^2 时的植株氮含量大幅增加，施氮量为 180kg/hm^2 时的植株氮含量最大，但与施氮量为 240kg/hm^2 时的植株氮含量差异不显著；初花期和盛花期的植株氮含量变化趋势相同，都在施氮量为 180kg/hm^2 时植株氮含量最高，施氮量为 120kg/hm^2 与施氮量为 180kg/hm^2 和 240kg/hm^2 时的植株氮含量差异不显著；在成熟期，施氮量为 180kg/hm^2 时植株氮含量最高，施氮量为 120kg/hm^2 与施氮量为 240kg/hm^2 时的植株氮含量差异不显著。施用氮肥在成熟期的植株氮含量有较大变化，可能与其营养成分在营养生长和生殖生长的分配有关 [图 3.26（a）]。

羊草植株磷含量随施氮量的增加而增加，不施氮肥的植株磷含量在各生育期最低，施氮量为 240kg/hm^2 时植株各生育期的磷含量最高。在拔节期，植株磷含量与施氮量呈直线相关，施氮量越大，植株磷含量越高；在抽穗期，施氮量为 60kg/hm^2 与 120kg/hm^2 时的植株磷含量相差不大，施氮量为 180kg/hm^2 与 240kg/hm^2 时的植株磷含量增加显著；初花期到盛花期，植株磷含量与施氮量呈直线相关，施氮量越大，植株磷含量越高，盛花期的植株磷含量明显低于初花期的植株磷含量；成熟期植株磷含量在施氮量较低时有增加，施氮量为 120kg/hm^2 时的植株磷含量较高，较不施氮肥显著增加 27.7%，施氮量为 120kg/hm^2 和 240kg/hm^2 时的植株磷含量的增加量较小，施氮量为 180kg/hm^2 和 240kg/hm^2 时差异不显著 [图 3.26（b）]。

各生育期羊草植株钾含量基本随施氮量增加而增加，在施氮量为 180kg/hm^2 时植株各生育期的钾含量最高，施氮量为 240kg/hm^2 时的植株钾含量呈降低的趋势。施氮量为 180kg/hm^2 时，拔节期的植株钾含量增幅为 19.5%，抽穗期的植株钾含量增幅为 21.7%，盛花期的植株钾含量增幅为 16.5%，成熟期的植株钾含量增幅为 59.9%，成熟期增幅最大。施氮量为 120kg/hm^2 的植株钾含量在初花期较高，与施氮量为 180kg/hm^2 和 240kg/hm^2 时差异不显著，较不施氮肥显著增加 18.6% [图 3.26（c）]。

2. 施氮量对羊草氮、磷、钾养分吸收的影响

羊草返青后对营养物质的需求增加，羊草植株在各生育期对氮、磷、钾的吸收量增加。羊草植株氮、磷、钾吸收量在拔节期最低，随着羊草生长加速，生物

量增加，盛花期氮、磷、钾吸收量最高，成熟期氮、磷、钾吸收量降低，呈现先升高后降低趋势，这是氮、磷、钾含量和生物量变化对其养分总量积累的影响结果。

羊草拔节期对氮素营养需求量较大，吸收速率较快，拔节期到抽穗期是氮素吸收的高峰期；羊草生育后期养分主要用于转运分配，氮素吸收速率降低。不施氮肥的羊草氮吸收量最低，施氮明显促进植株对氮的吸收，拔节期羊草的氮吸收量随施氮量增加而增加，施氮量为 180kg/hm^2 时氮吸收量较高；在抽穗期、初花期和盛花期，羊草氮吸收量随施氮量增加而增加，施氮量为 240kg/hm^2 氮吸收量最高，较其他施氮处理差异显著；成熟期的羊草氮吸收量随施氮量增加呈先增加后降低的趋势，施氮量为 180kg/hm^2 时氮吸收量最高，与其他施氮处理相比差异显著。氮吸收量与施氮量的回归方程为 $y = 0.4215x + 32.382$（$R^2 = 0.8801$），其中 y 为氮吸收量（kg/hm^2），x 为施氮量（kg/hm^2）。施氮量为 120kg/hm^2 时氮吸收量较不施氮肥增加 242.2%，施氮量为 180kg/hm^2 较施氮量为 120kg/hm^2 时高出 14.4%，施氮量为 240kg/hm^2 与施氮量为 180kg/hm^2 时的氮吸收量差别较大。尽管施氮能提高羊草氮吸收量，但施氮量超过 130kg/hm^2 时氮肥利用率明显降低［图 3.27（a）］。

羊草对磷的吸收相比对氮、钾的吸收而言，磷吸收量远远小于对氮、钾吸收量。在羊草各生育期，磷吸收量随施氮量增加而增加。不施氮肥在拔节期的磷吸收量最低，在抽穗期增加明显，初花期到盛花期的磷吸收量虽有所增加，但增加不明显，成熟期的磷吸收量显著下降；施氮量为 60kg/hm^2 时各生育期的磷吸收量变化趋势与不施氮肥处理大致相同，也是从初花期到盛花期的磷吸收量虽有所增加，但增加量不大；施氮量为 120～240kg/hm^2 时的磷吸收量从初花到盛花期显著增加。磷吸收量与施氮量的回归方程为 $y = 0.0356x + 3.9265$（$R^2 = 0.939$），其中 y 为磷吸收量（kg/hm^2），x 为施氮量（kg/hm^2）。施氮量为 240kg/hm^2 时植株磷吸收量最高，为 11.8kg/hm^2；施氮量为 120kg/hm^2 较施氮量为 60kg/hm^2 时的磷吸收量增加 84.1%；施氮量为 240kg/hm^2 较施氮量为 180kg/hm^2 时的磷吸收量增加 11.6%。氮肥施用过量会造成资源浪费，施氮量为 130kg/hm^2 左右时，单位施氮量增加的磷吸收量最大，可以最大效率地利用氮肥［图 3.27（b）］。

羊草钾吸收量低于氮吸收量，远高于磷吸收量。羊草在拔节期的钾吸收量最低，随着生育期的推进，羊草钾吸收量逐渐增加。羊草钾吸收量在不同生育期差异显著，拔节期到抽穗期钾吸收量急剧增加，从初花期开始减缓，初花期、盛花期和成熟期的羊草钾吸收量无明显变化。施用氮肥对羊草钾吸收量有较大影响。不施氮肥处理在初花期的羊草钾吸收量最大；施氮量为 60kg/hm^2 时的钾吸收量在拔节期到抽穗期钾素吸收速率较快；施氮量为 120kg/hm^2 时的钾吸收量急剧增加，再增加氮肥用量，羊草钾吸收量呈现缓慢增长的趋势；施氮量为 240kg/hm^2 时的钾吸收量最高。羊草钾吸收量在初花期和盛花期随施氮量增加而增加，施氮量为 120kg/hm² 在初花期时钾吸收量较高，与施氮量为 180kg/hm² 和 240kg/hm² 时差异不显著，施氮量为 240kg/hm² 在盛花期刈割时的钾吸收量最高，高于其他施氮处理。羊草钾吸收量与施氮量的回归方程为 $y = 0.3344x + 44.464$（$R^2 = 0.8638$），其中 y 为钾吸收量（kg/hm²），x 为施氮量（kg/hm²）。施氮量为 180kg/hm² 时的植株钾吸收量为 111.9kg/hm²，是不施氮肥的 2.79 倍。过量施用氮肥时羊草钾吸收量增幅不大，考虑投入成本，施氮量为 160kg/hm² 左右较为适宜，此时羊草钾吸收量也较大，为 98kg/hm²［图 3.27（c）］。

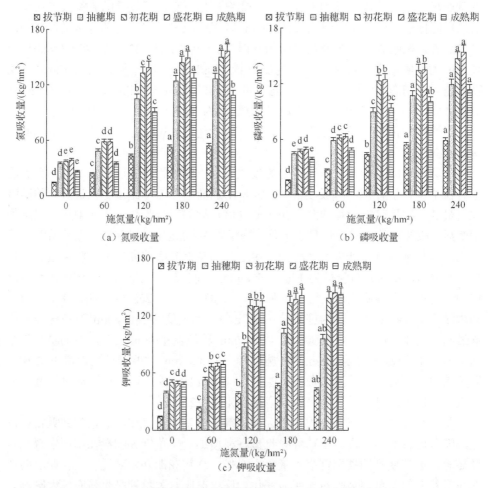

图 3.27　不同施氮量对羊草不同生育期氮、磷、钾吸收量的影响

　　不同施氮量下的羊草氮、磷、钾吸收量在生育期呈现不同变化趋势，羊草氮、磷、钾吸收量在不同生育期差异显著。拔节期的氮、磷、钾吸收量最低，盛花期

的氮、磷、钾吸收量相对较高，成熟期的氮、磷、钾吸收量有所不同。人工羊草地的羊草吸收氮、磷、钾的高峰期为拔节期到抽穗期。施氮可以促进羊草对氮、磷、钾的吸收，但考虑生产成本及氮肥利用率，施氮量在 $130.0 \sim 160.0 kg/hm^2$ 较为适宜，有利于减少养分在土壤中过量累积及过量施用氮肥对环境产生的影响。

3.3　施磷量效应研究

磷素是植物生长发育的必需营养元素，参与组成植物体内许多重要化合物，是植物生长代谢过程不可缺少的元素。磷在植物体内是形成核酸、核蛋白、磷脂、磷酸肌醇和腺苷三磷酸的重要元素，对植物的生长发育、繁殖、遗传、植物体内的能量调节、光合作用中二氧化碳的固定和还原，以及豆科植物的共生固氮能力等均有重要作用。植物利用的磷素主要来源于土壤，对磷素需求比较大。土壤中磷素的供应对植物的产量和品质有较大影响。土壤中磷的总含量在 $0.02\% \sim 0.20\%$，与其他大量营养元素相比较低。磷施于土壤能提高植物的磷营养水平，在植物生长过程中促进分蘖，提高籽粒的饱满度，增加产量和提高质量。本节探讨人工羊草地最佳施磷量及其对羊草种子产量、产草量和品质的影响，为人工羊草地合理施用磷肥提供依据。

3.3.1　施磷量对羊草种子产量及其构成因子的影响

1. 施磷量对羊草种子产量的影响

人工羊草地的种子产量在年际间变化较大。2012 年当年种植的羊草只有营养生长，2013 年开始生殖生长，才有少许种子产出，随生长年限的延长，羊草种子产量逐年增加。2015 年种子产量是 2014 年的 1.88 倍，是 2013 年的 3.91 倍。在人工羊草地合理施用磷肥，是提高羊草种子产量的主要措施之一。羊草种子产量随施磷量增加呈先增加后降低的趋势，2013 年、2014 年和 2015 年的趋势一致。2013 年，施磷量为 $154.7 kg/hm^2$ 时种子产量最高，为 $395.8 kg/hm^2$，磷肥对羊草种子产量影响不显著，不同施磷量间差异也未达显著水平；2014 年，施磷量为 $202.9 kg/hm^2$ 时种子产量最高，为 $836.3 kg/hm^2$，较不施磷肥显著增产 40.6%；2015 年，施磷量为 $144.3 kg/hm^2$ 时种子产量最高，为 $1552.1 kg/hm^2$，较不施磷肥显著增产 41.9%。施磷量和年际的主效应对羊草种子产量影响显著（$P < 0.05$）。三年磷肥试验表明，最高种子产量的施磷量也呈增加趋势，超过最高种子产量的施磷量，种子产量不再增加，呈现逐渐下降趋势，应保持在最高种子产量时的施磷量，才能发挥磷肥的效益（图 3.28）。

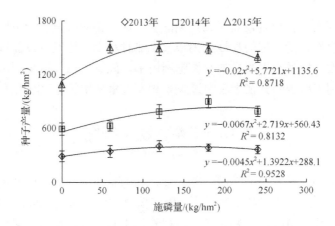

图 3.28　不同施磷量对羊草种子产量的影响

2. 施磷量对羊草种子产量构成因子的影响

羊草总茎数（分蘖数）随着生长年限的延长逐渐增加。2015 年总茎数是 2014 年的 1.39 倍，是 2013 年的 3.97 倍。随施磷量增加，2013 年总茎数差异不显著，说明总茎数不受当年施用磷肥的影响；2014 年、2015 年羊草总茎数随着施磷量增加呈不断上升趋势，最大总茎数均出现在施磷量为 240kg/hm^2 时，较不施磷肥分别显著增加 37.5%、23.5%（图 3.29）。

羊草抽穗数随生长年限的延长而增加，2013 年羊草抽穗数较小，2015 年羊草抽穗数分别是 2014 年和 2013 年的 3.59 倍和 10.15 倍。羊草抽穗数随着施磷量的增加先增加后减少，2013 年施磷量为 60kg/hm^2 时抽穗数达到最大，较不施磷肥显著增加 25.4%；2014 年、2015 年施磷量为 120kg/hm^2 时抽穗数达到最大，较不施磷肥分别显著增加 38.0%、15.0%。随施磷量增加，抽穗率先增大后减小。2013 年抽穗率差异不显著，2014 年与 2013 年抽穗率相比，增加并不明显，2015 年抽穗率显著增加。2014 年，施磷量为 60kg/hm^2、120kg/hm^2 时抽穗率与不施磷肥差异不显著，继续增加施磷量抽穗率显著下降；2015 年，施磷量为 60kg/hm^2 时抽穗率达最大，为 63.23%，较不施磷肥的抽穗率显著增加 7.5%（图 3.29）。施磷量和年际的主效应以及交互作用对羊草总茎数、抽穗数和抽穗率影响显著（$P<0.05$）。

随着生长年限延长，羊草穗长呈下降趋势，2014 年、2015 年穗长与 2013 年相比，降幅分别为 15.7% 和 32.0%。2013 年，穗长随施磷量增加而增加，施磷量为 180kg/hm^2 时穗长达较大值，较不施磷肥的穗长显著增加 15.3%；2014 年、2015 年穗长随施磷量增加呈先增加后降低的趋势，2014 年施磷量为 120kg/hm^2 时穗长达较大值，较不施磷肥显著增加 13.9%，继续增施磷肥的穗长无显著变化；2015 年施磷量为 120kg/hm^2 时的穗长达最大值，较不施磷肥的穗长显著增加 19.9%（图 3.29）。施磷量的主效应对穗长影响显著（$P<0.05$），年际主效应及其与施磷量的交互作用对穗长影响不显著。

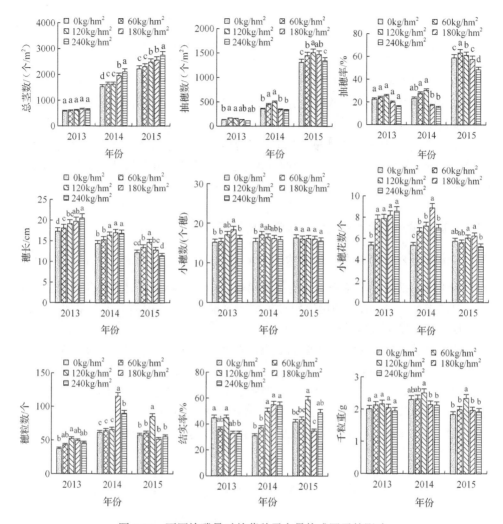

图 3.29　不同施磷量对羊草种子产量构成因子的影响

适当施用磷肥可以增加羊草小穗数，但施磷量和年际的主效应以及交互作用对小穗数的影响均不显著。2013 年和 2014 年小穗数随施磷量增加先增加后减小。2013 年施磷量为 180kg/hm² 时小穗数达最大值，较不施磷肥的小穗数显著增加 19.7%；2014 年施磷量为 60kg/hm² 时小穗数达最大值，较不施磷肥的小穗数显著增 11.1%。2015 年增施磷肥对小穗数影响不大，过量施用磷肥反而会略微降低小穗数（图 3.29）。

施用磷肥可提高穗粒数，随着施磷量增加，羊草穗粒数呈先增加后降低的趋势。2013 年、2015 年，施磷量为 120kg/hm² 时的穗粒数最多，较不施磷肥分别显著增加 41.1%、47.0%，其他施磷处理间差异不显著。2014 年，施磷量为 180kg/hm² 时的穗粒数最多，较不施磷肥显著增加 88.5%，且显著大于其他各施磷处理。2013

年、2015 年施磷量对结实率的影响没有规律性变化，2014 年结实率随施磷量增加而增加，施磷量为 120kg/hm^2 时结实率较大，较不施磷肥显著增加 62.2%，继续施用磷肥结实率差异不显著（图 3.29）。施磷量和年际的主效应及其交互作用对穗粒数和结实率影响显著（$P < 0.05$）。

施用磷肥对千粒重有影响。2013 年，增施磷肥的羊草千粒重差异不显著；2014 年，少量施用磷肥的羊草千粒重差异不显著，过量施用磷肥对千粒重反而有负效应；2015 年，千粒重随施磷量增加先增加后减小，施磷量为 120kg/hm^2 时的千粒重最大，较不施磷肥显著增加 27.9%（图 3.29）。施磷量和年际主效应对千粒重影响显著，但其交互作用对羊草千粒重影响不显著。

3.3.2　施磷量对羊草产草量和植株性状的影响

1. 施磷量对羊草产草量的影响

施用磷肥是提高羊草产草量的主要措施之一，产草量是评价人工草地生产力最主要的指标之一。研究施用磷肥对羊草产草量的影响，提高人工羊草地生产力，对草牧业稳定发展有推动作用。

磷肥对羊草产草量有明显增加效果，对两次刈割的产草量都有明显的影响，特别是第一次初花期刈割时的产草量影响最大，对第二次的产草量影响相对较小。随施磷量增加，产草量呈先增加后降低的趋势，在施磷量为 180kg/hm^2 时的产草量最高，2013 年、2014 年和 2015 年施磷量为 180kg/hm^2 时总产草量达最高，较不施磷肥分别显著增加 65.7%、92.9%、114.5%，施磷量为 240kg/hm^2 时产草量下降（图 3.30）。

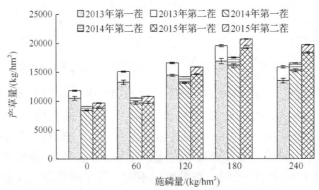

图 3.30　不同磷肥水平下羊草产草量

随着羊草生长年限延长，产草量逐年增高，产草量最高的施磷量也呈增加趋势，2013 年、2014 年和 2015 年施磷量分别为 124.5kg/hm^2、154.6kg/hm^2 和 172.3kg/hm^2 时，磷肥增产效益最高，每千克 P$_2$O$_5$ 最高增产量分别为 51.0kg、43.9kg

和 54.6kg。适量施用磷肥有助于羊草产草量的提高，过量施用磷肥造成资源的浪费，羊草产草量逐渐下降，经济效益开始降低，应保持在最大产草量时的施磷量，提高磷肥利用效率。

2. 施磷量对羊草植株性状的影响

施用磷肥有利于提高羊草植株性状，进而提高羊草产量和品质。

羊草从返青期开始，株高随羊草的生长不断增大，拔节期至抽穗期株高的增长速度最快，开花后羊草株高基本趋于稳定。不施磷肥的株高在各生育期最小。拔节期施磷量为 180kg/hm^2 的株高最大，抽穗期和成熟期施磷量为 180kg/hm^2 的株高显著大于施磷量为 60kg/hm^2 的株高，与施磷量为 120kg/hm^2、240kg/hm^2 的株高差异不显著。盛花期施磷量为 180kg/hm^2 的株高显著大于施磷量为 120kg/hm^2 和 60kg/hm^2 的株高，与施磷量为 240kg/hm^2 的株高差异不显著（图 3.31）。

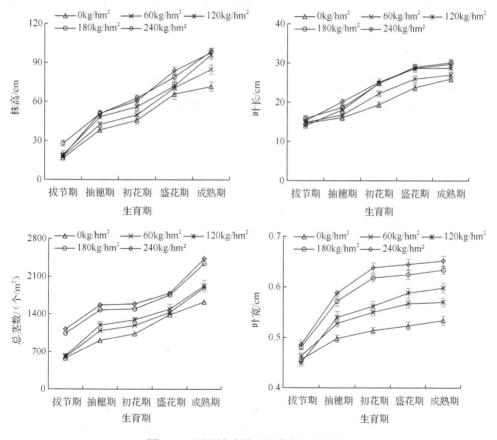

图 3.31　不同施磷量对羊草生长的影响

　　在羊草生长的不同生育阶段，总茎数随施磷量增加而增加，不施磷肥的羊草总茎数最少。在各生育期，施磷量为 $180kg/hm^2$ 与施磷量为 $240kg/hm^2$ 的总茎数差异不显著，但显著大于施磷量为 $120kg/hm^2$ 和 $60kg/hm^2$ 总茎数（图3.31）。

　　磷肥对拔节期植株叶长和叶宽的促进作用不明显，拔节期不同施磷量下叶长差异不显著，其原因是拔节期施肥时间较短，肥效还没有显现出来，拔节后磷肥的效应开始显现。抽穗期施磷量为 $240kg/hm^2$ 的叶长最大，且显著大于施磷量为 $60kg/hm^2$ 和不施磷肥的叶长，与施磷量为 $120kg/hm^2$、$180kg/hm^2$ 的叶长差异不显著。在初花期和盛花期，施磷量为 $120kg/hm^2$、$180kg/hm^2$ 和 $240kg/hm^2$ 的叶长差异不显著，但显著大于施磷量为 $60kg/hm^2$ 和不施磷肥的叶长。成熟期施磷量为 $180kg/hm^2$ 的叶长显著大于施磷量为 $60kg/hm^2$ 和不施磷肥的叶长，与施磷量为 $120kg/hm^2$ 和 $240kg/hm^2$ 的叶长差异不显著。施磷量为 $180kg/hm^2$、$240kg/hm^2$ 在各生育期的叶宽差异不显著，但显著大于施磷量为 $120kg/hm^2$、$60kg/hm^2$ 和不施磷肥的叶宽（图3.31）。

　　3. 施磷量对羊草叶绿素含量的影响

　　植物生物量合成是通过植物体内的叶绿素将光能转变为化学能生成有机物质的过程。叶绿素是植物光合作用的必需物质，叶绿素含量的高低是反映植物叶片光合能力的一个重要指标。在一定土壤肥力的条件下，增施氮磷肥有助于促进牧草叶绿素的合成，对牧草叶绿素含量有较大影响，促进植株光合作用，对产量和品质具有调节作用。SPAD 值是间接反映叶片叶绿素含量的指标，通过叶绿素含量在羊草各生育期的变化，可以了解光合作用在羊草各生育期的变化。

　　随着羊草生长发育，叶片叶绿素含量峰值出现在盛花期，盛花期后呈降低的趋势。施用磷肥明显提高羊草的叶绿素含量，羊草叶片的 SPAD 值随着施磷量增加逐渐增加，施磷量为 $240kg/hm^2$ 时植株叶片 SPAD 值最大。施磷量为 $120kg/hm^2$ 的叶片 SPAD 值较不施磷肥增大 8.3%，施磷量为 $180kg/hm^2$ 的叶片 SPAD 值较施磷量为 $120kg/hm^2$ 的叶片 SPAD 值增大 2.9%，施磷量为 $240kg/hm^2$ 的叶片 SPAD 值较施磷量为 $180kg/hm^2$ 的叶片 SPAD 值增大 7.5%。施磷量为 $240kg/hm^2$ 时，拔节期、抽穗期、初花期、盛花期、成熟期叶片 SPAD 值显著高于不施磷肥，拔节期的叶片 SPAD 值较不施磷肥增大 12.2%，较抽穗期增大 23.0%，较初花期增大 24.4%，较盛花期增大 17.3%，较成熟期增大 21.6%（图3.32）。

　　施用磷肥可使叶绿素含量显著提高，SPAD 值受氮肥影响的变化程度小于受磷肥影响，作物吸收较多的磷素有助于叶片进行光合作用，羊草产草量还与羊草的群体结构、叶面积系数、光合产物运输、贮存过程等方面有密切关系。羊草叶片叶绿素含量总体水平的提高为羊草高产提供了一条可能的途径。

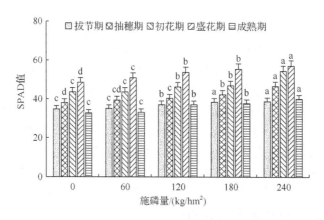

图 3.32　磷肥调控下羊草各生育期 SPAD 值的变化

4. 施磷量对羊草干物质积累的影响

在羊草生长发育的过程中，植株的干物质积累量呈持续增加的趋势。羊草返青后，前期生长缓慢，拔节后干物质积累明显加快，初花期干物质积累量占总积累量的 60% 左右，花期后干物质积累又趋于平缓。不同生育期羊草干物质积累量的动态变化曲线近似呈 "S" 形（图 3.33）。在整个生育阶段，施用磷肥会影响羊草干物质积累量，但不影响干物质积累的总趋势。

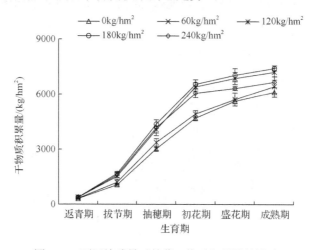

图 3.33　不同施磷量对羊草干物质积累量的影响

在羊草不同生育阶段，施磷量为 180kg/hm² 时干物质积累量均为最高。返青期不同磷肥水平下的干物质积累量差异不显著；施磷量为 180kg/hm² 在拔节期的干物质积累量显著高于不施磷肥的干物质积累量，但与其他施磷处理的干物质积累量差异不显著；施磷量为 180kg/hm² 在抽穗期和初花期的干物质积累量显著高于施磷量为 60kg/hm² 和不施磷肥，与施磷量为 120kg/hm²、240kg/hm² 的干物质积累量差异不显著；施磷量为 180kg/hm² 在盛花期和成熟期的干物质积累量显著高于施磷量为60kg/hm²和不施磷肥。羊草干物质积累量随施磷量增加先升高后降低，施磷量为 240kg/hm² 的干物质积累量较施磷量为 180kg/hm² 有所下降。

增加施磷量有利于提高干物质积累量，但过量施用磷肥没有增加干物质积累量。氮肥在增加产草量方面作用显著，磷肥增产效果小于氮肥。磷肥用量较大时，氮素等其他因素成为限制因素。以施氮量120kg/hm²为底肥，施磷量为 178.2kg/hm² 时干物质积累量最高，为 4427kg/hm²，较不施磷肥增产 27.4%。在人工羊草地应采用适宜的施磷量，应控制在 180kg/hm² 以下。

3.3.3　施磷量对羊草营养品质的影响

1. 施磷量对羊草粗蛋白的影响

随着羊草生长发育，植株体内营养物质含量发生较大变化。植株粗蛋白含量整体呈下降趋势，拔节期含量最高（16.4%～18.0%），成熟期含量最低（6.5%～9.9%）。施用磷肥有利于提高植株体内的粗蛋白含量，随着施磷量的增加，各生育期的粗蛋白含量均呈先升高后降低的趋势，施磷量为 180kg/hm² 时的粗蛋白含量最高，与不施磷肥的粗蛋白含量差异显著（$P<0.05$）。施磷量为 180kg/hm² 时在拔节期粗蛋白含量最高，施磷量为 120kg/hm² 和 240kg/hm² 的粗蛋白含量次之，且二者差异不显著（图 3.34）。

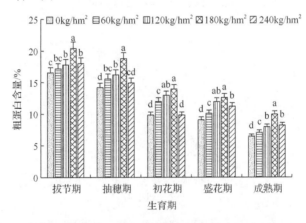

图 3.34　不同施磷量对羊草不同生育期粗蛋白含量的影响

施磷量为 180kg/hm² 的羊草粗蛋白含量在各生育期都明显增高，拔节期的粗蛋白含量增加 23.5%，抽穗期的粗蛋白含量增加 31.8%，初花期的粗蛋白含量增加 41.5%，与其他施磷处理差异显著；盛花期施磷量为 180kg/hm² 时的粗蛋白含量增加 36.1%，与施磷量为 120kg/hm² 时的粗蛋白含量差异不显著，但显著高于其他施磷处理的粗蛋白含量；成熟期施磷量为 120kg/hm² 时的粗蛋白含量增加 18.6%，施磷量为 180kg/hm² 时的粗蛋白含量增加 34.3%，施磷量为 240kg/hm² 时粗蛋白含量为 14.9%，较不施磷肥增加 33.0%，继续增加磷肥施用量，植株粗蛋白含量降低。施用磷肥有利于提高粗蛋白含量，不同施磷量对粗蛋白含量的影响程度不同，施磷量过高反而降低粗蛋白含量。

羊草粗蛋白产量在初花期至盛花期最高。羊草粗蛋白产量取决于生育期内干物质积累量和粗蛋白含量，磷肥有利于提高羊草干物质积累量和粗蛋白含量，因此羊草的粗蛋白产量在磷肥的作用下显著增加。羊草粗蛋白产量在整个生育期呈先上升后下降的趋势，盛花期粗蛋白产量最高。施磷量为 180kg/hm² 在盛花期的粗蛋白产量最高，为 883.2kg/hm²，较不施磷肥的粗蛋白产量显著增加 70.7%。进入成熟期，羊草植株的粗蛋白产量呈下降趋势。植株粗蛋白含量显著下降，生物量增加量有限，导致粗蛋白产量显著下降，成熟期的羊草植株营养品质大幅下降。施磷量为 180kg/hm² 在拔节期、抽穗期、初花期和成熟期的粗蛋白产量均最高，不施磷肥的粗蛋白产量在羊草整个生育期最低（图 3.35）。因此，施磷肥是提高羊草品质的有效措施。

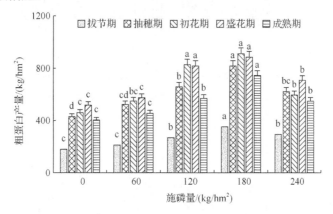

图 3.35　不同施磷量对羊草不同生育期粗蛋白产量的影响

2. 施磷量对羊草粗纤维的影响

各生育期的粗纤维含量随着羊草植株生长逐渐增加，拔节期的含量最低（20.46%~22.97%），成熟期的含量最高（32.21%~34.59%）。施用磷肥有利于降低粗纤维含量，提高羊草消化率。初花期施用磷肥的粗纤维含量显著低于不施磷肥的粗纤维含量。施磷量为 180kg/hm² 时，拔节期和抽穗期粗纤维含量显著低于其他施磷处理，施磷量为 180kg/hm² 与 240kg/hm² 在盛花期和成熟期时的粗纤维含量差异不显著，但显著低于不施磷肥的粗纤维含量（图 3.36）。

羊草植株粗纤维产量随着生育进程显著增加，不同生育期的粗纤维产量有差异显著。施用磷肥可以降低粗纤维含量，提高羊草的品质，由于在磷肥作用下干物质积累量增加较快，施用磷肥显著增加粗纤维产量。各生育期的粗纤维产量随施磷量的变化相对较小。在拔节期、抽穗期和初花期，施磷量为 120kg/hm^2、180kg/hm^2 和 240kg/hm^2 的粗纤维产量显著高于施磷量为 60kg/hm^2 和不施磷肥的粗纤维产量。在盛花期和成熟期，施磷量为 120kg/hm^2 和 180kg/hm^2 的粗纤维产量显著高于其他施磷处理，但二者的粗纤维产量差异不显著。成熟期各施磷处理的粗纤维产量较其他时期都有所增加，施磷量为 180kg/hm^2 时的粗纤维产量最大，为 2430.4kg/hm^2（图 3.37）。

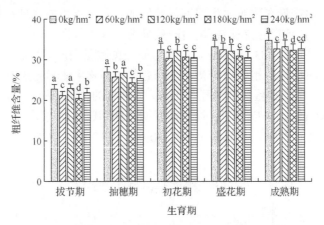

图 3.36　不同施磷量对羊草不同生育期粗纤维含量的影响

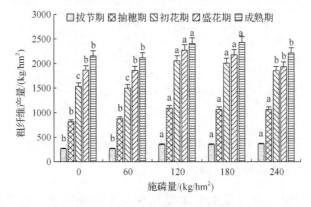

图 3.37　不同施磷量对羊草不同生育期粗纤维产量的影响

3. 施磷量对羊草粗脂肪的影响

羊草植株粗脂肪含量与粗蛋白含量变化趋势相同，在生长发育过程中，植株粗脂肪含量呈下降趋势，拔节期含量最高，为 2.67%~2.96%，成熟期含量最低，为 1.48%~1.67%。施用磷肥有利于提高植株粗脂肪含量，施磷量越大，各生育期的植株粗脂肪含量越高。施磷量为 240kg/hm^2 时，拔节期、初花期和盛花期的粗脂肪含量最高，与其他施磷处理差异显著；施磷量为 180kg/hm² 时，抽穗期和成熟期的粗脂肪含量最高，与其他施磷处理差异显著（图 3.38）。

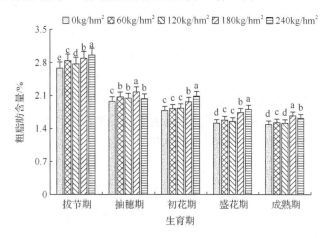

图 3.38　不同施磷量对羊草不同生育期粗脂肪含量的影响

羊草粗脂肪含量与施磷量的回归方程为 $y = 0.0009x + 1.8829$（$R^2 = 0.858$），其中 y 为粗脂肪含量（%），x 为施磷量（kg/hm²）。施磷量为 180kg/hm² 时粗蛋白含量增加 11.0%，继续增加施磷量，植株粗脂肪含量变化不大。

在羊草整个生育期，不施磷肥的植株粗脂肪产量最低，在磷肥作用下羊草粗脂肪产量显著增加。施磷量为 180kg/hm² 时各生育期的粗脂肪产量均处于较高水平，这主要是因为植株干物质积累量较高。在拔节期和抽穗期，施磷量为 120kg/hm² 时粗脂肪产量处于较高水平，且随着施磷量增加而增加。在初花期、盛花期和成熟期，施磷量为 120kg/hm² 时的粗脂肪产量最大，与施磷量为 180kg/hm² 和 240kg/hm² 时的粗脂肪产量差异不显著（图 3.39）。

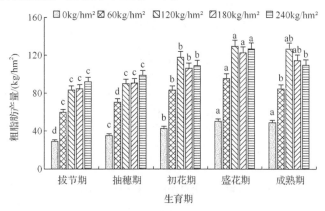

图 3.39　不同施磷量对羊草不同生育期粗脂肪产量的影响

3.3.4　施磷量对羊草养分含量和吸收的影响

1. 施磷量对羊草氮、磷、钾含量的影响

羊草植株的氮、磷、钾含量随着羊草的生长进程呈下降趋势。拔节期氮、磷、钾含量最高，氮含量为 2.63%～3.25%，磷含量为 0.21%～0.30%，钾含量为 2.28%～2.54%；成熟期氮、磷、钾含量最低，氮含量为 1.03%～1.58%，磷含量为 0.13%～0.20%、钾含量为 1.81%～2.11%。不同生育期羊草植株的氮、磷、钾含量差异显著（$P<0.05$），施用磷肥可显著提高羊草各生育期植株的氮、磷、钾含量，不同施磷量间差异显著（$P<0.05$）（图 3.40）。

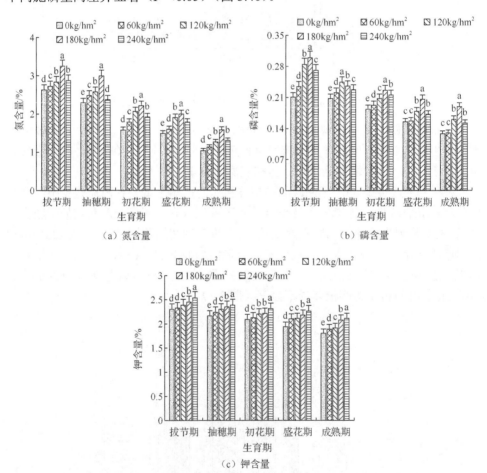

图 3.40　不同施磷量对羊草不同生育期氮、磷、钾含量的影响

植株氮含量随施磷量增加先增加后降低，施磷量为 180kg/hm² 时的植株氮含量最高，其后再增加施磷量，植株的氮含量呈降低趋势，拔节期到成熟期的植株

氮含量变化趋势一致。施磷量为 180kg/hm² 时的植株氮含量在拔节期较不施磷肥的氮含量增加 23.2%，在抽穗期增加 31.8%，在初花期增加 41.4%，在盛花期增加 36.0%，在成熟期增加 53.0%［图 3.40（a）］。

各生育期的植株磷含量随施磷量增加呈先增加后降低的趋势。施磷量为 120kg/hm² 时，抽穗期的植株磷含量最高，较不施磷肥的植株磷含量显著增加 18.2%。施磷量为 180kg/hm² 时，在拔节期较不施磷肥植株磷含量显著增加 42.0%，在初花期较不施磷肥植株磷含量显著增加 23.0%，在盛花期较不施磷肥植株磷含量显著增加 32.7%，在成熟期较不施磷肥的植株磷含量显著增加 48.0%。施磷量为 180kg/hm² 时，拔节期的植株磷含量最高，初花期至成熟期也是施磷量为 180kg/hm² 时的植株磷含量最高［图 3.40（b）］。

各生育期植株钾含量随施磷量的增加而增加，施磷量最大时的植株钾含量也最高。施磷量为 240kg/hm² 时植株各生育期钾含量最高，在拔节期较不施磷肥的植株钾含量显著增加 11.0%，在抽穗期较不施磷肥的植株钾含量显著增加 10.1%，在初花期较不施磷肥的植株钾含量显著增加 11.2%，在盛花期较不施磷肥的植株钾含量显著增加 16.7%，在成熟期较不施磷肥的植株钾含量显著增加 17.0%［图 3.40（c）］。

2. 施磷量对羊草氮、磷、钾吸收的影响

不同施磷量下，羊草各生育期的氮、磷、钾吸收动态与不同施氮量下的动态变化大致相同。初花期和盛花期的氮、磷、钾吸收量明显高于其他时期，花期是氮、磷、钾吸收的关键时期，在此期间土壤应保持充足的养分供给。羊草生育后期干物质积累量增加缓慢，植株氮、磷、钾含量降低，导致氮、磷、钾吸收量降低。

羊草植株氮吸收量随施磷量增加先增加后降低，施磷量为 180kg/hm² 时的氮吸收量最高，其后增加施磷量，氮吸收量呈降低趋势。施磷量为 120kg/hm² 的氮吸收量较不施磷肥增加 58.8%；施磷量为 180kg/hm² 时的氮吸收量最高，较施磷量为 120kg/hm² 时高出 17.4%，适量施用磷肥能显著促进羊草氮素的吸收积累，但施用量过大会导致羊草氮吸收量降低［图 3.41（a）］。

羊草在各生育期的磷吸收量与氮吸收量随施氮量增加的变化趋势大致相同，植株磷吸收量随施氮量增加也呈现先增加后降低的趋势。施磷量为 180kg/hm² 时磷吸收量最高，施磷量为 120kg/hm² 时植株磷吸收量较施磷量为 60kg/hm² 时增加 38.9%，施磷量为 180kg/hm² 时植株磷吸收量较施磷量为 120kg/hm² 时增加 13.9%，继续增加施磷量，植株磷吸收量降低［图 3.41（b）］。

羊草从拔节期到初花期钾素吸收速率较快，钾吸收量逐渐增加，生育后期钾素吸收速率降低，盛花期和成熟期钾吸收量变化不大。羊草植株钾吸收量随施磷量的增加而增加，施磷量为 180kg/hm² 时的钾吸收量最高，再增加施磷量，钾吸收量呈降低的趋势，施磷量为 180kg/hm² 时各生育期的钾吸收量最高。施磷量为 120kg/hm² 时钾吸收量与施磷量为 240kg/hm² 时的钾吸收量差异不显著，过量施用磷肥的羊草钾吸收量增幅不大［图 3.41（c）］。

　　不同施磷量下的羊草氮、磷、钾吸收量在羊草生育期呈现不同变化趋势，羊草不同生育期的氮、磷、钾吸收量差异显著。拔节期的氮、磷、钾吸收量最低，盛花期的氮、磷、钾吸收量相对较高。人工羊草地羊草吸收氮、磷、钾的高峰期为拔节期到抽穗期。施磷可以促进羊草对氮、磷、钾的吸收，但考虑生产成本，施磷量在 180kg/hm² 以下较为适宜，有利于减少磷素在土壤中固定及过量施用磷肥对环境产生的影响。

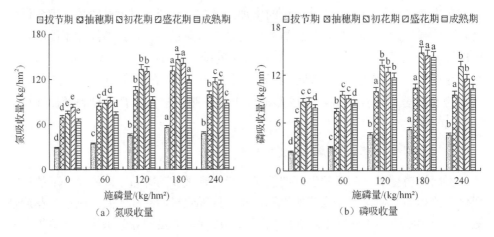

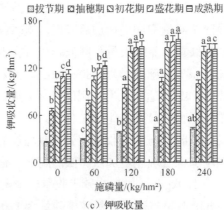

图 3.41　不同施磷量对羊草不同生育期氮、磷、钾吸收量的影响

3.4　施钾量效应研究

钾是植物生长必需的三大营养元素之一，对植物的正常生长发育、产量、抗逆性及品质等均有重要影响。钾能促进植物对大气中二氧化碳的同化，增强光合作用。钾离子是许多酶的活化剂，有助于促进植物体内的多种代谢，并提高细胞液的浓度和渗透压，促进可溶性氨基酸和单糖转变为高分子化合物，能增强植物对旱、寒、盐的抗逆能力，减少病原菌的营养来源和防御病菌侵入，提高农产品品质。土壤缺钾或钾素收支不平衡已经成为进一步提高作物产量和品质的障碍。施用钾肥能提高土壤供钾能力和植物的钾营养水平，在西北地区增施钾肥有明显的增产效果，对农牧业提质增效有重要作用。在钾肥的高效施用技术基础上，要考虑土壤供钾能力和供钾水平，还要考虑土壤中钾与其他营养元素之间的相互作用，注意钾肥与氮、磷、中微量元素的平衡施用，确定最佳施钾量。钾肥必须在施用氮磷肥的条件下，才能充分发挥增产效应。

3.4.1　施钾量对羊草种子产量及其构成因子的影响

1. 施钾量对羊草种子产量的影响

当年种植的人工羊草地只有营养生长，第二年（2013 年）开始生殖生长，才有少量种子产出，种子产量随生长年限延长逐年增加。2015 年种子产量分别是 2014 年和 2013 年的 1.51 倍和 3.84 倍，羊草种子产量在年际间变化大（图 3.42）。

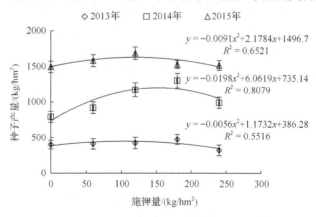

图 3.42　不同施钾量水平下羊草种子产量

钾肥不仅能促进羊草植株营养生长，也能促进生殖生长，对羊草种子有明显的增产作用，种子产量随施钾量增加而增加。在达到一个峰值点后，再增加施钾量，种子产量不再增加，呈降低趋势。2013 年、2014 年和 2015 年三个不同种植年份最高种子产量的施钾量各不相同。2013 年施钾量为 104.8kg/hm² 时种子产量最高，为 447.7kg/hm²；2014 年施钾量为 153.1kg/hm² 时种子产量最高，为 1199.1kg/hm²，较不施钾肥显著增产 51.8%；2015 年施钾量为 119.7kg/hm² 时种子产量最高，为 1627.1kg/hm²，较不施钾肥显著增产 8.9%。施钾量和年际的主效应及其交互效应对羊草种子产量影响显著（$P < 0.05$）。超过种子产量最高的施钾量时，种子产量逐渐下降，施用钾肥未表现出增产效应。

2. 施钾量对羊草种子产量构成因子的影响

在羊草种子抽穗数、穗粒数、千粒重产量构成三因子中，抽穗数是决定种子产量高低的一个主要因素，抽穗数是总茎数分化的结果，总茎数是在分蘖数的基础上形成的，穗粒数、千粒重受当年水肥条件影响。

羊草的总茎数（分蘖数）随着羊草生长年限逐年增加，2013 年总茎数较小，2014 年大幅增加，2015 年总茎数分别是 2014 年和 2013 年的 1.41 倍和 4.14 倍。2013 年，总茎数随施钾量增加差异不显著，说明总茎数不受当年施用钾肥的影响；2014 年、2015 年羊草总茎数随着施钾量增加呈先增加后降低的趋势，最大总茎数均出现在施钾量为 120kg/hm² 时，较不施钾肥分别显著增加 34.0%、17.0%（图 3.43）。

抽穗数也随着羊草生长年限逐年增加，2013 年的抽穗数较小，2014 年、2015 年抽穗数显著增加，2015 年的抽穗数是 2014 年的 2.98 倍，是 2013 年的 7.86 倍。羊草抽穗数随着施钾量的增加先增加后减少，2013 年、2014 年，施钾量为 180kg/hm² 时抽穗数达到最大，较不施钾肥分别显著增加 59.2%、21.5%；2015 年，施钾量为 120kg/hm² 时抽穗数达到最大，较不施钾肥显著增加 16.2%。随施钾量增加，2013 年抽穗率先增大后减小，施钾量为 180kg/hm² 时抽穗率达最大，较不施钾肥显著增加 53.8%。2014 年抽穗率无明显规律，2015 年抽穗率差异不显著（图 3.43）。施钾量和年际的主效应以及交互作用对羊草总茎数、抽穗数和抽穗率影响显著（$P < 0.05$）。

羊草的穗长随着生长年限延长呈下降趋势，2014 年、2015 年的穗长与 2013 年相比，降幅分别为 21.5% 和 30.4%。羊草穗长随着种植年限延长而下降的现象，与羊草的抽穗数大幅增多有关联。2013 年穗长随施钾量增加而增加，施钾量为 180kg/hm² 时穗长达最大值，较不施钾肥显著增加 29.2%；2014 年、2015 年穗长随施钾量增加呈先增加后降低的趋势。2014 年施钾量为 180kg/hm² 时穗长达最大值，较不施钾肥的穗长显著增加 20.3%，继续增施钾肥穗长减小；2015 年施钾量为 120kg/hm² 时的穗长达最大值，较不施钾肥的穗长显著增加 13.1%。施钾量和年际的主效应以及交互作用对穗长影响显著（$P < 0.05$）。

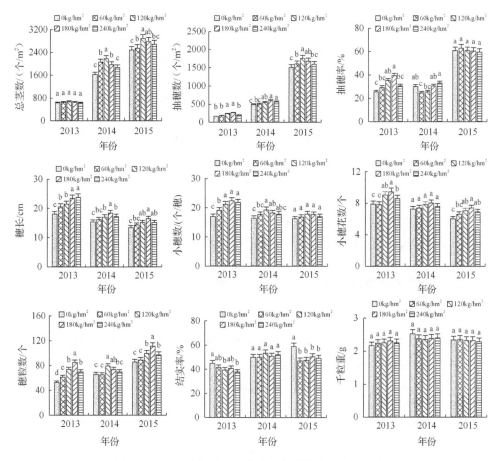

图 3.43　不同施钾量对羊草种子产量构成因子的影响

施用钾肥可以增加羊草小穗数，2013 年、2014 年、2015 年的小穗数随着施钾量增加而先增加后降低，继续施加钾肥的小穗数有所降低。2013 年，施钾量为 180kg/hm² 时小穗数达最大值，较不施钾肥显著增加 23.5%；2014 年，施钾量为 120kg/hm² 时小穗数达最大值，较不施钾肥显著增加 17.1%；2015 年，施钾量为 120kg/hm² 时小穗数达最大值，施用钾肥的小穗数差异不显著。施钾量和年际的主效应以及交互作用对小穗数影响显著。

羊草小穗花数与羊草小穗数随着施钾量的变化趋势基本一致，随施钾量的增加先增加后降低，过量施用钾肥会减少小穗花数。2013 年、2014 年、2015 年小穗花数随着施钾量增加先增加后降低，三年都在施钾量为 180kg/hm² 时小穗花数达最大值，2013 年小穗花数较不施钾肥显著增加 14.2%，2015 年小穗花数较不施钾肥显著增加 15.5%，2014 年施用钾肥的小穗花数差异不显著（图 3.43）。施钾量和年际的主效应对小穗花数影响显著（$P < 0.05$），但其交互作用对小穗花数影响不显著。

羊草穗粒数随着生长年限的延长逐渐增加，2015 年羊草穗粒数分别是 2014 年和 2013 年的 1.36 和 1.41 倍。施用钾肥对穗粒数有明显影响，随着施钾量增加，羊草穗粒数呈先增加后降低的趋势。2013 年，施钾量为 180kg/hm^2 时的穗粒数最多，较不施钾肥显著增加 61.3%；2014 年，施钾量为 120kg/hm^2 时的穗粒数最多，与施钾量为 180kg/hm^2 时的穗粒数差异不显著，较不施钾肥时的穗粒数显著增加 20.2%；2015 年，施钾量为 180kg/hm^2 时穗粒数最多，较不施钾肥时的穗粒数显著增加 30.1%（图 3.43）。施钾量和年际的主效应以及交互作用对穗粒数影响显著（$P<0.05$）。

钾肥对结实率的作用不明显，施钾量的主效应及其与年际的交互作用对结实率影响不显著，但年际的主效应对结实率影响显著（$P<0.05$）。

2013 年、2014 年和 2015 年施加钾肥的千粒重差异均不显著，年际主效应对千粒重影响显著，但施钾量及其与年际的交互作用对羊草千粒重影响不显著。

3.4.2　施钾量对羊草产草量和植株性状的影响

1. 施钾量对羊草产草量的影响

钾肥对羊草生长有促进作用，可提高羊草的产草量，也有提高品质的效应。一年两次刈割的产草量随施钾量增加呈先增加后降低的趋势。2013 年、2014 年和 2015 年施钾量为 120kg/hm^2 时产草量达最高，2013 年较不施钾肥增加 13.3%，2014 年较不施钾肥增加 16.3%，2015 年较不施钾肥增加 8.1%，继续增加施钾量，羊草的产草量下降（图 3.44）。

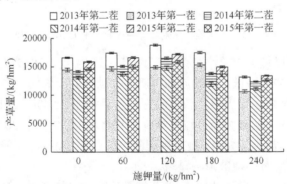

图 3.44　不同施钾量下羊草产草量

2013 年产草量最大时的施钾量为 100.0kg/hm^2，2014 年产草量最大时的施钾量为 101.0kg/hm^2，2015 年产草量最大时的施钾量为 85.2kg/hm^2，此时的钾肥增产效益较高。2013 年每千克 K_2O 最大增产量为 16.6kg，2014 年每千克 K_2O 最大增产量为 15.1kg，2015 年每千克 K_2O 最大增产量为 9.28kg，超过此用量后钾肥的增产效益降低。适量施用钾肥有助于羊草产草量的提高，过量施用钾肥会造成资源的浪费。钾肥的增产效益低于氮肥、磷肥。

2. 施钾量对羊草植株性状的影响

钾肥有利于促进羊草植株生长发育，进而提高羊草产量和品质。不施钾肥的株高在整个生育期最小，施用钾肥对羊草拔节期和抽穗期株高的影响不显著。施钾量为 $60kg/hm^2$ 时，初花期的株高显著大于施钾量为 $180kg/hm^2$ 和 $240kg/hm^2$ 的株高，与施钾量为 $120kg/hm^2$ 的株高差异不显著。施钾量为 $120kg/hm^2$ 时，盛花期的株高显著高于施钾量为 $60kg/hm^2$ 的株高，与施钾量为 $120kg/hm^2$、$180kg/hm^2$、$240kg/hm^2$ 的株高差异不显著。施钾量为 $60kg/hm^2$ 时成熟期的株高显著大于施钾量为 $240kg/hm^2$ 的株高，与施钾量为 $120kg/hm^2$、$180kg/hm^2$ 的株高差异不显著（图 3.45）。

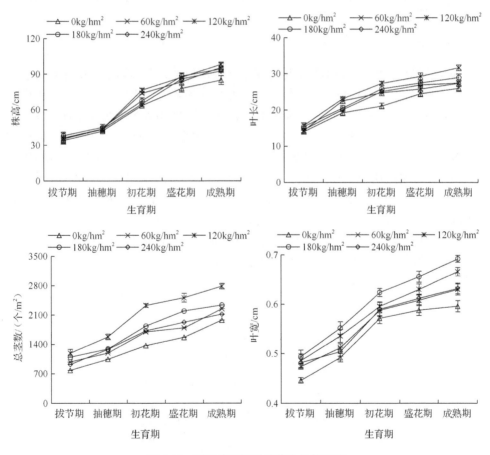

图 3.45　不同施钾量对羊草生长的影响

　　在羊草各生长阶段，总茎数随施钾量增加呈先增多后减少的趋势。施钾量为120kg/hm² 时各生育期的总茎数最多，显著大于施钾量为 60kg/hm² 的总茎数，也显著大于施钾量为 180kg/hm² 和 240kg/hm² 的总茎数（图 3.45）。

　　不施钾肥的叶长和叶宽在羊草各生长阶段都较小，钾肥对羊草植株叶长和叶宽有明显促进作用。拔节期施钾量为 120kg/hm² 时的叶长最大，与施钾量为180kg/hm² 的叶长差异不显著，但显著大于其他施钾处理的叶长；抽穗期施钾量为60kg/hm² 时的叶长最大，与施钾量为 120kg/hm² 的叶长差异不显著，但显著大于其他施钾处理的叶长；初花期和成熟期施钾量为 120kg/hm² 时的叶长最大，且显著大于其他施钾处理的叶长。拔节期施钾量为 180kg/hm² 时的叶宽最大，显著大于施钾量为 60kg/hm² 的叶宽，与施钾量为 120kg/hm²、240kg/hm² 的叶宽差异不显著；抽穗期、初花期、盛花期、成熟期施钾量为 180kg/hm² 时的叶宽最大，且与其他施钾处理的叶宽差异显著（图 3.45）。抽穗期至盛花期是叶量最为丰富的时期，也是羊草品质最好和产量最高的时期。

3. 施钾量对羊草叶绿素含量的影响

　　钾肥明显有助于提高羊草植株叶绿素含量，随施钾量的增加，植株叶绿素含量呈先增加后减小的趋势。羊草植株叶片 SPAD 值随着施钾量的增加，呈先增加后减小的趋势。施钾量为 180kg/hm² 时，植株叶片的 SPAD 值在各生育期最大，拔节期较不施钾肥的 SPAD 值增加 19.9%，抽穗期较不施钾肥的 SPAD 值增加16.9%，初花期较不施钾肥的 SPAD 值增加 20.8%，盛花期较不施钾肥的 SPAD 值增加 8.2%，成熟期较不施钾肥的 SPAD 值增加 14.1%。施钾量为 180kg/hm² 时植株叶片 SPAD 值最大，施钾量为 120kg/hm² 的叶片 SPAD 值较不施钾肥增加 11.4%，施钾量为 180kg/hm² 的 SPAD 值较施钾量为 120kg/hm² 增加 3.7%，施钾量为240kg/hm² 时的植株叶片 SPAD 值下降（图 3.46）。羊草植株叶片的 SPAD 值受氮肥、磷肥的影响程度小于钾肥，钾肥有助于叶片光合作用的进行。

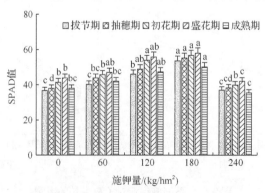

图 3.46　钾肥调控下羊草各生育期 SPAD 值的变化

4. 施钾量对羊草干物质积累的影响

不施钾肥的干物质积累量在羊草的各生育期最低，施用钾肥对羊草的干物质积累量影响显著。在羊草的整个生育期，施钾量为 180kg/hm² 时的干物质积累量均为最高。施用钾肥在返青期的干物质积累量与不施钾肥的干物质积累量差异不显著；施钾量为 180kg/hm² 时拔节期的干物质积累量显著高于其他施钾处理；施钾量为 180kg/hm² 时抽穗期的干物质积累量显著高于不施钾肥的干物质积累量；施钾量为 180kg/hm² 与 120kg/hm² 时初花期的干物质积累量差异不显著，但显著大于施钾量为 60kg/hm² 和 240kg/hm² 的干物质积累量；施钾量为 180kg/hm² 与施钾量为 60kg/hm²、120kg/hm² 时盛花期和成熟期的干物质积累量差异不显著，但显著大于施钾量为 240kg/hm² 的干物质积累量（图 3.47）。

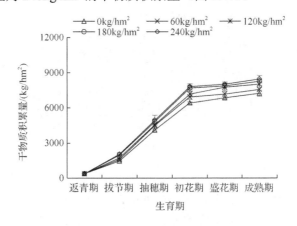

图 3.47　不同施钾量下干物质积累量

以 120kg/hm² N、120kg/hm² P₂O₅ 作为底肥，施钾量为 138.6kg/hm² 时干物质积累量最大，为 4638kg/hm²，较不施钾肥的干物质积累量增加 18.9%。羊草干物质积累量随施钾量增加先增加后减少，在施钾量为 180kg/hm² 时干物质积累量最大，施钾量为 240kg/hm² 时的干物质积累量较施钾量为 180kg/hm² 时下降，过量施用钾肥反而不利于干物质的积累。钾肥的增产作用小于氮肥、磷肥的增产作用，应合理施用钾肥，与氮、磷等其他肥料共同促进人工羊草地增产。

3.4.3　施钾量对羊草营养品质的影响

1. 施钾量对羊草粗蛋白的影响

羊草植株营养物质含量随着生育进程呈下降趋势，粗蛋白含量在拔节期最高，为 17.7%～21.5%，成熟期最低，为 7.9%～10.8%。钾肥有利于提高植株体内的粗蛋白含量，不同施钾量对粗蛋白含量的影响程度不同，随着施钾量的增加各生育期的粗蛋白含量均呈先增加后降低的趋势。施钾量为 180kg/hm² 时粗蛋白含量最高，施钾量过高反而降低粗蛋白含量，效益下降，与不施钾肥差异显著（$P<0.05$）。施钾量为 180kg/hm² 时初花期和成熟期的粗蛋白含量最高，与不施钾肥相比，初花期的粗蛋白含量增加 29.2%，成熟期的粗蛋白含量增加 36.5%，与其他施钾处理差异显著。施钾量为 180kg/hm² 时拔节期的粗蛋白含量较不施钾肥增加 21.3%，抽穗期的粗蛋白含量较不施钾肥增加 19.9%，盛花期的粗蛋白含量较不施钾肥增加 18.5%。施钾量为 180kg/hm² 与 120kg/hm² 在拔节期和抽穗期的粗蛋白含量差异不显著，但显著高于其他施钾处理（图 3.48）。

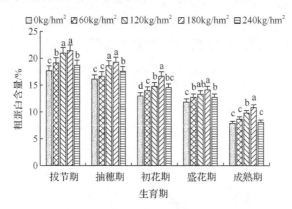

图 3.48　不同施钾量对羊草不同生育期粗蛋白含量的影响

　　羊草粗蛋白产量取决于生育期干物质积累量和粗蛋白含量。羊草粗蛋白产量随生育期推进，呈先上升后下降的趋势，初花期的粗蛋白产量最高，成熟期植株粗蛋白含量显著下降，导致粗蛋白产量下降。钾肥有利于提高羊草干物质积累量和粗蛋白含量，在钾肥的作用下粗蛋白产量显著增加。施钾量为 180kg/hm² 时初花期的粗蛋白产量最高，为 1311.0kg/hm²，较不施钾肥的粗蛋白产量显著增加58.0%。施钾量为 180kg/hm² 时拔节期和成熟期的粗蛋白产量显著高于其他施钾处理的粗蛋白产量。施钾量为 180kg/hm² 时抽穗期和盛花期的粗蛋白产量均最高，与施钾量为 120kg/hm² 的粗蛋白产量差异不显著，但显著高于其他施钾处理的粗蛋白产量（图 3.49）。

　　2. 施钾量对羊草粗纤维的影响

　　随着羊草不断生长发育，各生育期的粗纤维含量逐渐增加。拔节期的粗纤维含量最低，为20.74%～22.97%，成熟期的粗纤维含量最高，为32.02%～33.40%。施用钾肥有利于降低粗纤维含量，施用钾肥在拔节期和盛花期的粗纤维含量显著低于不施钾肥的粗纤维含量。施钾量为 120kg/hm² 和 180kg/hm² 时，抽穗期的粗纤维含量显著低于其他施钾处理的粗纤维含量。施钾量为 180kg/hm² 时初花期的

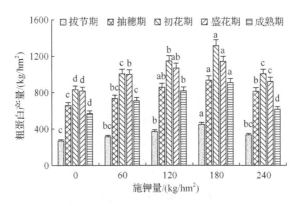

图 3.49　不同施钾量对羊草不同生育期粗蛋白产量的影响

粗纤维含量显著低于其他施钾处理。施钾量为 60kg/hm^2 时，成熟期的粗纤维含量显著低于其他施钾处理的粗纤维含量（图 3.50）。

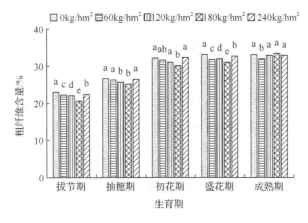

图 3.50　不同施钾量对羊草不同生育期粗纤维含量的影响

施用钾肥降低粗纤维含量，但提高羊草干物质积累量，所以施用钾肥增加粗纤维产量。钾肥对拔节期、抽穗期、初花期和盛花期的粗纤维产量影响不显著，显著增加了成熟期的粗纤维产量。施用钾肥的粗纤维产量显著高于不施钾肥的粗纤维产量，成熟期各施钾处理的粗纤维产量较其他时期都有所增加，施钾量为 180kg/hm^2 时粗纤维产量达最大，为 2806.7kg/hm^2（图 3.51）。

3. 施钾量对羊草粗脂肪的影响

羊草植株中粗脂肪含量随着植株生长呈下降趋势，拔节期含量最高，为 2.77%～3.63%，成熟期含量最低，为 1.51%～1.96%。施用钾肥有利于提高植株的粗脂肪含量，施钾量为 180kg/hm^2 时的粗脂肪含量最高，继续增加施钾量，植株

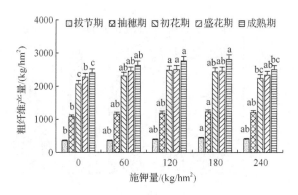

图 3.51　不同施钾量对羊草不同生育期粗纤维产量的影响

粗脂肪含量降低。施钾量为 180kg/hm^2 时，各生育期的粗脂肪含量最高，与其他施钾处理的粗脂肪含量差异显著，施钾量为 180kg/hm^2 的粗脂肪含量与不施钾肥的粗脂肪含量相比，拔节期增加 31.3%，抽穗期增加 59.7%，初花期增加 39.9%，盛花期增加 52.8%，成熟期增加 29.6%（图 3.52）。

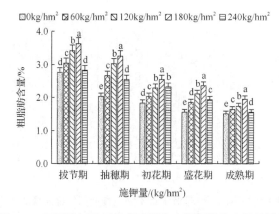

图 3.52　不同施钾量对羊草不同生育期粗脂肪含量的影响

　　钾肥能显著提高羊草的粗脂肪产量，施钾量为 180kg/hm^2 时各生育期的粗脂肪产量最高（图 3.53），且显著高于其他施钾处理的粗脂肪产量，这主要是因为施钾量为 180kg/hm^2 时干物质积累量较高。羊草初花期施钾量为 180kg/hm^2 时的粗脂肪产量最高，为 201.5kg/hm^2，与其他施钾处理的粗脂肪产量差异显著。拔节期施钾量为 180kg/hm^2 较不施钾肥的粗脂肪产量显著增加 78.1%，抽穗期的粗脂肪产量显著增加 90.1%，初花期的粗脂肪产量显著增加 71.5%，盛花期的粗脂肪产量显著增加 80.6%，成熟期的粗脂肪产量显著增加 50.9%。

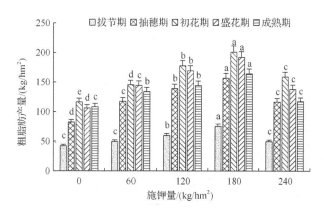

图 3.53　不同施钾量对羊草不同生育期粗脂肪产量的影响

3.4.4　施钾量对羊草养分含量和吸收的影响

1. 施钾量对羊草氮、磷、钾含量的影响

羊草返青后开始生长，植株的氮、磷、钾含量随着生长发育呈下降趋势。拔节期氮、磷、钾含量最高，氮含量为 2.83%～3.44%，磷含量为 0.28%～0.33%，钾含量为 2.39%～2.62%；成熟期氮、磷、钾含量最低，氮含量为 1.26%～1.72%，磷含量为 0.16%～0.20%，钾含量为 1.92%～2.22%。羊草不同生育期植株的氮、磷、钾含量差异显著（$P<0.05$）。施用钾肥可显著提高植株氮、磷、钾含量（$P<0.05$），羊草各生育期的氮、磷、钾含量变化趋势大致相同（图 3.54）。

施用钾肥可显著提高植株氮含量，各生育期植株氮含量随施钾量增加呈先增加后降低的趋势（$P<0.05$）。施钾量为 180kg/hm² 时植株各生育期氮含量最高，拔节期较不施钾肥的植株氮含量显著增加 21.3%，抽穗期显著增加 19.9%，初花期显著增加 29.2%，盛花期显著增加 18.5%，成熟期显著增加 36.5%［图 3.54（a）］。

各生育期植株磷含量随施钾量增加呈先增加后降低的趋势（$P<0.05$）。施钾量为 180kg/hm² 时植株各生育期磷含量最高，拔节期植株磷含量较不施钾肥的植株磷含量显著增加 17.6%，抽穗期磷含量较不施钾肥显著增加 29.7%，初花期显著增加 36.8%，盛花期显著增加 31.7%，成熟期显著增加 22.5%［图 3.54（b）］。

各生育期植株钾含量随施钾量的增加呈先增加后降低的趋势（$P<0.05$）。施钾量为 180kg/hm² 时植株各生育期钾含量最高，拔节期植株钾含量较不施钾肥增加 10.0%，抽穗期较不施钾肥增加 6.8%，初花期较不施钾肥增加 9.8%，盛花期较不施钾肥增加 11.6%，成熟期较不施钾肥增加 15.7%［图 3.54（c）］。

2. 施钾量对羊草氮、磷、钾吸收的影响

施用钾肥能明显改善羊草养分状况。施用钾肥对羊草各生育期的氮、磷、钾吸收量的影响与施用氮肥、磷肥的影响大致相同。羊草从拔节期开始养分吸收速

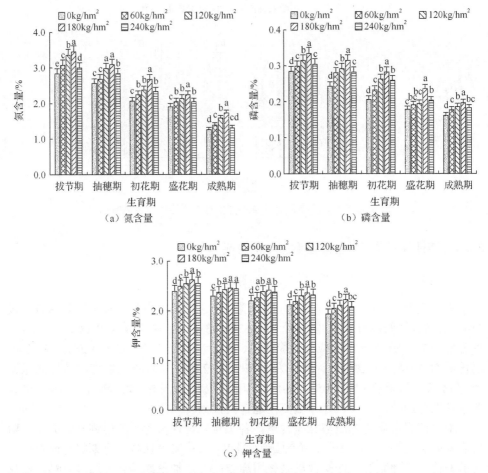

图 3.54　不同施钾量对羊草不同生育期氮、磷、钾含量的影响

率加快，初花期和盛花期的氮、磷、钾吸收量明显高于其他时期，花期是氮、磷、钾吸收的关键时期。羊草生育后期干物质积累量增加缓慢，对养分的吸收速率降低，植株氮、磷、钾含量降低，导致羊草生长后期氮、磷、钾吸收量降低。盛花期和成熟期钾吸收量变化不大，初花期到盛花期的羊草植株钾吸收量较高，是刈割的最好时期（图 3.55）。

　　羊草植株的氮吸收量随施钾量的增加呈先增加后降低的趋势。施钾量为 180kg/hm² 的氮吸收量最高，施钾量为 120kg/hm² 的氮吸收量较不施钾肥的氮吸收量增加 34.7%，施钾量为 180kg/hm² 的氮吸收量较施钾量为 120kg/hm² 的氮吸收量增加 11.5%。适量施钾肥显著促进羊草氮素的吸收积累，但施用量过大会导致羊草氮吸收量降低 [图 3.55（a）]。

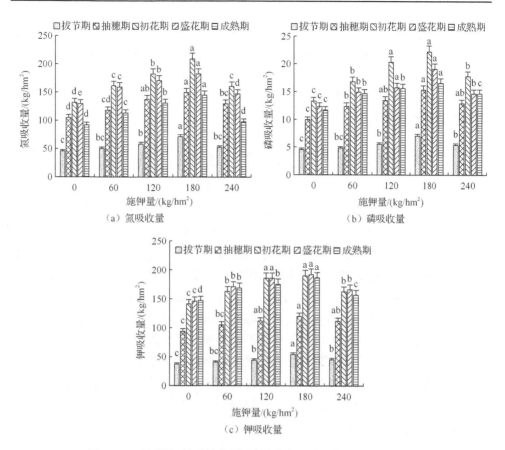

图 3.55　不同施钾量对羊草不同生育期氮、磷、钾吸收量的影响

各生育期羊草磷吸收量随施钾量的增加呈先增加后降低的趋势。施钾量为 180kg/hm² 时磷吸收量最高，施钾量为 120kg/hm² 时植株的磷吸收量较施钾量为 60kg/hm² 时增加 11.2%，施钾量为 180kg/hm² 时的磷吸收量较施钾量为 120kg/hm² 时增加 13.4%。继续增加施钾量，植株磷吸收量降低 [图 3.55（b）]。

羊草钾吸收量随施钾量增加呈先增加后降低的趋势。施钾量为 180kg/hm² 时，各生育期的钾吸收量最高。拔节期到盛花期，羊草钾吸收量随着生育期的推进逐渐增加，不同施钾量下羊草初花期的钾吸收量较高，与盛花期、成熟期钾吸收量差异不太显著。抽穗期施钾量为 120kg/hm² 时钾吸收量较高，施钾量为 120kg/hm² 与施钾量为 180kg/hm²、240kg/hm² 时的钾吸收量差异不显著，但显著高于不施钾肥的钾吸收量；初花期和盛花期施钾量为 120kg/hm² 时的钾吸收量较高，与施钾量为 180kg/hm² 时差异不显著，但显著高于不施钾肥的钾吸收量。适量施用钾肥可显著增加羊草钾吸收量，过量施用降低钾肥利用率，造成资源浪费。由于试验地所在区域土壤钾素相对丰富，钾肥的作用没有氮肥、磷肥的作用显著 [图 3.55（c）]。

　　施用钾肥促进羊草对氮、磷、钾的吸收，提高羊草产量和品质。施用钾肥在不同生育期植株氮、磷、钾吸收量呈不同变化趋势，羊草不同生育期氮、磷、钾吸收量有差异显著，盛花期的氮、磷、钾吸收量相对较高，显著提高了牧草产量和品质。考虑生产成本，施钾量在 $150kg/hm^2$ 以下较为适宜，有利于提高钾肥的利用效率和经济效益。

3.5　人工羊草地微量元素肥料效应研究

　　微量元素是生物食物链中的基础营养物质，是维持生命有机体正常生物功能不可缺少的元素，对维持整个生态环境的稳定与平衡起着非常关键的作用。微量元素各有专门的生理功能，直接参与了植物体内多种酶的生理活动，对植物产量的形成及内在质量的保障有十分重要的作用。微量元素与生物分子蛋白质、多糖、核酸、维生素等密切相关，对植物各种生理代谢过程的关键步骤起调控作用。微量元素是生命有机体必需的营养元素，维持生命有机体的平衡与健康，对减少缺乏微量元素引起的地方性疾病、改善营养状况有十分重要的意义。植物生长过程中除需要大量元素氮、磷、钾外，还必需多种微量元素才能维持正常生长发育，微量元素在植物生长发育过程中是不可替代的元素。微量元素在农作物应用上有较多研究，在草地特别是在人工羊草地应用研究相对较少。本节在人工羊草地上进行微量元素肥料施用试验研究，以期为人工羊草地建设提供依据。

3.5.1　微量元素的应用

　　微量元素在植物生长过程中的需求量较少，但它是必不可少的营养元素。微量元素改善农产品品质，如蛋白质、脂肪、氨基酸、维生素等营养成分，提高其营养价值。微量元素肥料主要来自各种外源性物质，因此容易缺乏或过量积累，合理地施用微量元素肥料对土壤微量元素的补充具有重要的意义。

　　微量元素包括铁（Fe）、锰（Mn）、铜（Cu）、锌（Zn）、硼（B）、钼（Mo）等元素。土壤是植物微量元素的主要来源，土壤中微量元素的含量、形态、分布与成土母质、成土过程有关。土壤中微量元素的含量因成土母质不同变化很大，不但不同土类有所差异，同一土类不同母质也有很大差异。土壤质地也对土壤微量元素含量产生影响，土壤的微量元素含量随土壤有机质含量的增加而增加，但有机质超过一定含量时则随其增加而降低。土壤中微量元素还易受耕作制度、肥料施用等人为因素的影响。发育于黄土沉积物的土壤属石灰性土壤，pH 和碳酸盐含量较高，有机质含量低，再加上严重的侵蚀，土壤中的微量元素多以难被植物吸收利用的形态存在，具有较低的生物有效性，较难满足作物生长的需要。土壤中微量元素的生物有效性极易受土壤环境的影响。

土壤中微量元素的含量水平反映了土壤微量元素潜在的供给水平及土壤对植物矿质营养的供给水平，微量元素以多种形态存在于土壤中。如果土壤中某一微量元素不足，不能满足植物需要时，植物就会出现一种缺素症状；若土壤中某一微量元素过多时，植物就会出现中毒症状。施用微量元素肥料是人为加入土壤中微量元素的主要来源，是克服土壤微量元素不足最快速而有效的方法，可以提高食物中的微量元素含量。施用微量元素肥料促进植物的干物质积累，对提高植物产量、改善植物品质具有重要的作用。微量元素的适宜施用量范围较窄，过量施用会引起品质下降，甚至对植物造成毒害，还可能引起土壤的重金属污染。微量元素肥料的不合理施用影响农业生态系统中微量元素的循环与平衡，也会对土壤环境造成负面影响，导致土壤质量下降，进而影响农业生态环境的健康发展。

土壤中微量元素的有效性常常受到土壤环境影响。土壤有机质是影响微量元素含量的一个重要因子；土壤微量元素的有效性也受吸附作用的影响，如铁、锰的氢氧化物吸附作用；黏土矿物对微量元素的有效性影响也较大，它同样具有较强的吸附能力；根际土壤对外源微量元素在土壤中的化学行为及其有效性也起着极为重要的作用。影响硼、锌、锰、钼、铜、铁有效性的人为因素包括耕作、施肥、灌溉、土地利用方式的改变等方面。

根据土壤及植物的生长发育状况，合理施用微量元素肥料。微量元素肥料指含有植物需要量甚微的必需营养元素的肥料，一般用于浸种、叶面喷施和根外追肥。经常需要施用的微量元素肥料主要是硼肥、锰肥、锌肥、钼肥、铜肥和铁肥。

1）硼肥

常用的硼肥品种是硼砂和硼酸。植物各生长阶段都需要硼，生长初期和开花结实期需要较多。硼能促进生长点和根系的生长发育，增强光合作用，加速糖分向籽实或贮存器官中运送。硼是一种最广泛应用的微量元素，在大部分土壤中含量较低，一般在 20～200mg/kg，需要施入硼肥满足植物生长的需求，一般土壤不会达到造成危害中毒的含量，在干旱地区盐分含量较高的土壤中有可能达到危害的硼含量。各种植物对缺硼的敏感程度有较大不同。十字花科、豆科植物需硼较多，禾本科植物需求量则相对较少。硼对防治甘蓝型油菜的花而不实有明显效果。西北地区由黄土母质和黄河冲积物发育的土壤属缺硼、低硼的土壤，硼肥在此类土壤上增产效果明显，通常以浸种或叶面喷施的方式施用。

2）钼肥

常用钼肥品种为钼酸铵和钼酸钠。钼是硝酸还原酶和固氮酶的成分，为植物体内氮素代谢必不可少的元素。植物缺钼则蛋白质合成受阻。豆科植物如大豆、花生、紫云英，十字花科植物如花椰菜等需钼量较多。对豆科绿肥植物施用钼肥可提高产量。西北地区由黄土母质和黄河冲积物发育的土壤全钼和有效钼含量较低，是缺钼和低钼土壤。钼肥通常以浸种或叶面喷施的方式施用。

3）锌肥

常用锌肥品种是硫酸锌、氧化锌和氯化锌。锌与植物体内许多酶系统的活性有关，还与蛋白质合成、幼叶分生组织、成熟叶片矿质元素含量、膜的完整性、碳水化合物代谢有关。锌是动植物生长发育必需的微量元素，也是人体必需的生命元素。缺锌使植物生长受到抑制，引起动植物的生理病害。植物缺锌则植株矮小，节间缩短，叶绿素含量减少，叶色变淡。通常 pH 大于 6.5 的土壤易于缺锌。缺锌或低锌土壤主要是石灰性土壤和盐碱土，土壤中对植物有效的锌含量少。土壤缺锌，农作物产量和锌含量都降低。锌肥主要以浸种、叶面喷施、沾根方式施用，也可直接施入土壤。锌肥可明显改善缺锌土壤作物的生长状况和提高产量，但土壤中的锌含量超过一定限度时，对作物有着明显的毒害作用。

4）锰肥

常用锰肥品种是硫酸锰和氯化锰。锰在植物体内参与光合作用，以及氮、磷的代谢和许多酶系统的活动。土壤的 pH 较大、质地较粗、通气良好时，锰就以植物不能利用的高价锰离子存在。缺锰或低锰的土壤主要是石灰性土壤。锰肥用于浸种或叶面喷施的效果优于直接施入土壤，可避免低价锰离子在土壤中迅速转变为高价锰离子而成为植物不能利用的状态。

5）铁肥

常用铁肥品种是硫酸亚铁，用于喷施。作物缺铁与 pH 较大有关，缺铁也可能是金属离子（如铜离子和锰离子）不平衡、土壤中磷过量、碳酸盐含量高引起的。在高 pH、高碳酸盐含量的土壤中，可能会发生缺铁症状，施用过量磷酸盐肥料也会引起缺铁症状。铁是叶绿素合成必需的微量元素，是植物体内多种氧化酶、铁氧还蛋白和固氮酶的组成部分。铁也是人体必需微量元素中含量最多的一种，主要存在于血红蛋白中，参与体内氧气与二氧化碳的转运、交换和组织呼吸过程。铁缺乏时，亚硝酸还原酶和次亚硝酸还原酶的活性降低，使硝态氮还原成铵态氮的过程变缓慢，影响蛋白质和氮素的合成与代谢。铁是地球上较丰富的元素之一，但在土壤和植物内很难移动。铁在土壤中的含量范围较大，以氧化物、氢氧化物和磷酸盐形态存在。石灰性土壤缺铁，土壤中对植物有效的铁含量不高，缺铁在农业生产上普遍存在。

6）铜肥

常用铜肥品种是硫酸铜。土壤中的铜含量取决于母质中铜的含量，铜对植物的有效性受土壤有机质组成、土壤 pH 和其他金属离子影响。铜过量会抑制铁的活性，并可能引起缺铁症状。土壤的酸碱度能影响有效性，当 pH 增加时，铜的

有效性降低。铜具有提高产量、改善品质和增加植物抗逆性的作用，可通过施用
铜肥来满足对植物产量和质量的需求。

3.5.2 微量元素肥料在羊草地的应用

羊草地主要利用的是羊草植株，刈割或放牧会带走羊草植株吸收积累的矿质
元素，特别植物敏感的微量元素。被带走的微量元素不能回归土壤，由于草地很
少施入含多种微量元素的有机肥，也很少施入微量元素肥料，土壤中微量元素含
量降低速率较快。随着土壤中微量元素含量降低和有效态的逐渐减少，满足不了
羊草生长对微量元素的需求，会严重影响羊草的正常生长发育。羊草对微量元素
肥料的需求量较小，但是缺少任何一种微量元素，就会影响羊草的生长发育。例
如，土壤中有效态锌逐渐减少，锌元素无法满足羊草生长发育需要；大量铁元素
和锰元素的减少使土壤铁元素和锰元素的占比更低，不利于羊草的生长发育。微
量元素成为影响羊草产量和品质的限制因子。如果微量元素施用过多，也会引起
植株中毒，影响羊草的产量和品质。

不同时期施用微量元素肥料对羊草的增产效果有影响。羊草地锌肥的适宜施
用期为 6 月中旬，浓度为 0.3%，增产可达 24.3%；钼肥的适宜施用期为 5 月下旬，
浓度为 0.1%，可增产 47.8%；锰肥宜在 6 月下旬施用，浓度为 0.3%，可增产 281%；
硼肥宜在 6 月中旬施用，浓度为 0.2%，可增产 20.4%。在羊草草场上施用 4 种微
量元素肥料，施铜肥增产最高，效果最好，经济效益最大。施用微量元素肥料方
法简便、投资少、见效快、效益大，值得在生产中推广应用（赵明清，1988）。

试验研究区所在地区有效铜含量属中等偏低水平，有效钼极度缺乏，微量元
素肥料在荞麦和胡麻上增产效果明显。铜和钼影响作物氮素代谢，增强植物光合
作用进而增加产量。

3.5.3 微量元素肥料对羊草种子产量及其构成因子的影响

1）微量元素肥料对羊草种子产量的影响

在人工羊草地上施用微量元素肥料对羊草种子产量有较大影响，不同微量元
素肥料对羊草种子产量影响差异显著（$P<0.05$）。由两年试验结果可知，施铜肥
处理的羊草种子产量最高，2014 年种子产量为 1060kg/hm^2，2015 年种子产量为
1511kg/hm^2。施铜肥处理较施锌肥处理 2014 年增产 57.3%，2015 年增产 53.4%。
施锌肥处理的产量最低，施硼肥和施钼肥处理差异不显著（图 3.56）。

2）微量元素肥料对羊草种子产量构成因子的影响

不同微量元素对羊草穗长的影响差异显著（$P<0.05$），施锌肥、施钼肥处理

的穗长显著大于其他微量元素肥料处理的穗长，施硼肥处理的穗长大于施铜肥和施锰肥处理的穗长，施铁肥处理的穗长最小（表 3.3）。

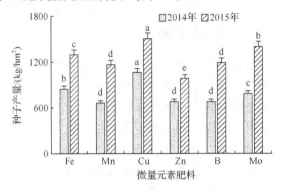

图 3.56　微量元素肥料对羊草种子产量的影响

表 3.3　微量元素肥料对羊草种子产量构成因子的影响

处理	穗长/cm		小穗数/（个/穗）		千粒重/g		抽穗数/（个/m²）		抽穗率/%	
	2014 年	2015 年	2014 年	2015 年	2014 年	2015 年	2014 年	2015 年	2014 年	2015 年
Fe	13.82d	10.32d	15.0c	14.8c	2.06c	2.01c	444b	832c	25.81	32.15
Mn	14.53c	11.76c	14.8c	15.1c	2.16b	2.09b	285d	579e	15.08	26.78
Cu	14.82c	11.92c	16.9a	16.8a	2.36a	2.20a	477a	1550a	24.15	53.35
Zn	16.38a	14.54a	16.2b	15.8b	2.16b	2.12b	371c	546f	16.56	18.96
B	15.36b	13.02b	17.1a	16.8a	2.36a	2.22a	359c	662d	16.93	22.10
Mo	16.38a	14.36a	17.0a	16.9a	2.16b	2.14b	375c	1200b	14.13	40.30

施铜肥、钼肥、硼肥对羊草小穗数影响最显著，每穗可达到 17 个左右，施铁肥和锰肥的小穗数较少，每穗为 15 个左右。施铜肥对羊草小穗数和抽穗数增加效果显著。

施铜肥、硼肥增加羊草千粒重，施锰肥、施钼肥、施锌肥处理的千粒重较小，这表明施铜肥和硼肥更有利于羊草千粒重的提高。硼肥可显著提高羊草穗长和千粒重。

不同微量元素肥料处理下羊草的抽穗数和抽穗率变化较大，施铜肥处理的抽穗数最高，2014 年抽穗数为 447 个/m²，2015 年抽穗数为 1550 个/m²，2014 年抽穗率达 24.15%，2015 年抽穗率达 53.35%；2014 年施锰肥处理的抽穗数最少，2014 年、2015 年施铜肥处理的抽穗数较施锰肥处理增加 67.4%、167.7%。相较 2014 年，2015 年各处理的抽穗数、抽穗率均大幅增加，2015 年施铜肥处理的抽穗数是 2014 年的 3.24 倍，抽穗率增加了 29.20%；2015 年施钼肥处理的抽穗数是

2014 年的 3.20 倍，抽穗率增加了 26.17%；2015 年施锌肥处理的抽穗数是 2014 年的 1.47 倍，抽穗率增加了 2.40%。在人工羊草地施微量元素肥料可显著增加羊草抽穗数，提高其抽穗率，且施铜肥效果最显著，其次是钼肥、铁肥、硼肥、锰肥，锌肥效果最差。

连续三年施肥对羊草总茎数、抽穗数、抽穗率产生显著影响，与 2014 年相比，2015 年各施肥处理的抽穗率均有所提高，种子产量也均显著增加。

3.5.4　微量元素肥料对羊草地产草量和植株性状的影响

1. 微量元素肥料对产草量的影响

铁（Fe）、锰（Mn）、铜（Cu）、锌（Zn）、硼（B）、钼（Mo）是植物生长必需的微量元素，也是土壤中最常见的微量元素。土壤中的微量元素含量较低，不能满足羊草生长需要，施用微量元素肥料可以促进羊草生长，不同微量元素肥料对羊草产草量的影响差异显著（$P<0.05$）。施铜肥时产草量最高，增产效果最显著，2014 年产草量可达 $11850kg/hm^2$，2015 年产草量可达 $12280kg/hm^2$，其次为施钼肥。羊草产草量的高低顺序为施铜肥>施钼肥>施锰肥>施铁肥>施硼肥>施锌肥，2015 年施硼肥和施锌肥处理下的产草量差异不显著（图 3.57）。

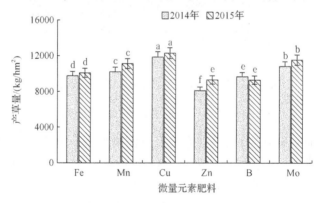

图 3.57　不同微量元素肥料处理下羊草产草量

2. 微量元素肥料对羊草植株性状的影响

微量元素对株高有明显的影响，不同微量元素肥料对羊草不同期生育株高的影响差异明显。锰肥和铜肥在拔节期对羊草株高的影响显著高于其他微量元素肥料，施锰肥和施钼肥处理抽穗期时株高最大，施铁肥处理成熟期的株高稍小，其他微量元素肥料处理成熟期的株高无显著差异，施锰肥、铜肥、硼肥、钼肥处理的株高达到 98.06～99.94cm。微量元素肥料在羊草生育期对株高的影响不同，但总体对株高的影响是锰肥、铜肥、硼肥、钼肥四种微量元素肥料差异不明显，施锌肥处理的株高稍小，施铁肥处理的株高最小。

施不同微量元素肥料的羊草总茎数随着生长年限的增加而不断增加，密度逐渐增大（图3.58）。施用微量元素肥料的羊草2015年成熟期的总茎数较2014年增加28.7%～50.7%。施硼肥和施钼肥处理的羊草总茎数显著大于其他处理，2015年成熟期总茎数分别达到2996个/m² 和2978个/m²，分别高出同期总茎数最小的施铁肥处理的15.7%和15.1%，施铜肥、施锌肥处理分别较施铁肥处理的总茎数高出12.2%、11.4%；施铁肥、施锰肥处理的总茎数分别较底肥增大7.0%、10.6%。施用不同微量元素肥料均有利于增加羊草总茎数，其中硼肥、钼肥效果最好，铜肥、锌肥次之。

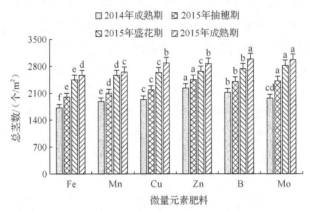

图3.58　不同微量元素肥料对羊草总茎数的影响

3. 微量元素肥料对羊草干物质积累量的影响

羊草干物质积累量随着生育期的延长逐渐增加。干物质积累量的变化总趋势是返青期到拔节期增加缓慢，拔节期到盛花期明显增加，籽实形成以后增加减缓，在接近成熟期时趋于稳定。羊草干物质积累量在成熟期达到其生育期的最高值。微量元素肥料对干物质积累有明显的影响。不同微量元素肥料处理在羊草生育期的干物质积累量变化趋势相似，在抽穗期之前差异不明显，抽穗期后差异逐渐加大。各微量元素肥料处理的干物质积累量从返青期到成熟期不断增加，成熟期达到最高积累量并趋于稳定。施用铜肥、钼肥可以使羊草干物质积累量显著提高，使干物质积累速率显著提高，施铜肥处理在成熟期的干物质积累量最高，达到7550kg/hm²，较施锌肥处理增加29.7%，较施硼肥处理增加33.0%，较施锰肥处理增加12.1%，较施铁肥处理增加16.6%，施铜肥与施钼肥处理的干物质积累量差异不显著（图3.59）。

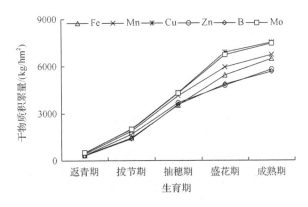

图 3.59　微量元素肥料对羊草干物质积累的影响

4. 微量元素肥料对羊草干物质积累速率的影响

不同微量元素肥料处理下，羊草返青期到盛花期干物质积累速率快，盛花期之后积累速率明显减缓。返青期到拔节期的干物质积累量占生育期积累量的19.9%，平均积累速率为 131.9kg/（hm²·d）；拔节期到抽穗期干物质积累速率最快，平均积累速率达到 147.1kg/（hm²·d），干物质积累量占生育期积累量的 33.5%，其中施铜肥处理积累速率最快，为 155.73kg/（hm²·d）；抽穗到盛花期干物质积累量占生育期积累量的 27.4%，平均积累速率降到 66.1kg/（hm²·d）；盛花期到成熟期平均积累速率减小为 33.8kg/（hm²·d），干物质积累量占生育期积累量的 13.1%。微量元素肥料显著提高盛花期到成熟期干物质积累速率和积累量，可见微量元素肥料延长了羊草干物质积累的时期。

3.5.5　微量元素肥料对羊草营养品质的影响

1. 微量元素肥料对粗蛋白含量的影响

羊草在各生育期的粗蛋白含量随植株生长发育整体上呈降低趋势。返青期的粗蛋白含量最高，为 17.0%～19.21%；进入拔节期后快速生长，植株的粗蛋白含量开始降低；抽穗期后随着羊草籽粒发育，营养成分逐渐向籽粒转移，植株粗蛋白含量显著降低（图 3.60）。施用微量元素肥料提高了羊草植株的粗蛋白含量，拔节期到抽穗期施钼肥和施铜肥处理的粗蛋白含量降低，其他微量元素肥料处理的粗蛋白含量均有所升高。在羊草成熟期，施锌肥处理的粗蛋白含量为 10.27%，显著高于其他微量元素肥料处理的粗蛋白含量（$P<0.05$）；施铜肥处理的粗蛋白含量最低，为 7.14%，可能是因为干物质积累量最高，植株氮养分稀释，从而含量降低；施钼肥处理的粗蛋白含量为 9.10%，干物质积累量显著高于其他微量元素肥料处理，说明钼肥可提高羊草粗蛋白含量，铁肥和锰肥对羊草粗蛋白含量的提高不显著。

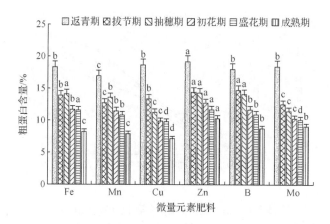

图 3.60　微量元素肥料对羊草不同生育期粗蛋白含量的影响

2. 微量元素肥料对粗脂肪含量的影响

微量元素肥料对羊草不同生育期的粗脂肪含量影响不同。返青期是粗脂肪含量最高的时期，不同微量元素肥料对粗脂肪含量的影响差异显著（$P < 0.05$）。施硼肥和施锌肥处理的粗脂肪含量最高，为 4.69%；不同微量元素肥料处理下，返青期到抽穗期的粗脂肪含量均显著降低，抽穗期的粗脂肪含量较返青期降低 1.14%～3.22%，抽穗期到初花期的粗脂肪含量可增加 0.21%～0.94%，初花期到成熟期的粗脂肪含量又不断降低。成熟期时，施铁肥处理的粗脂肪含量最高，为 1.58%；施硼肥处理的粗脂肪含量为 1.45%，施钼肥处理的粗脂肪含量为 1.47%，二者差异不显著；施铜肥处理的粗脂肪含量最低，为 1.21%（图 3.61）。

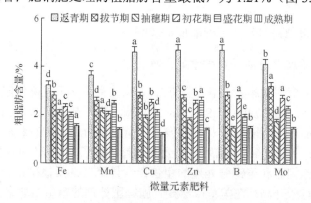

图 3.61　微量元素肥料对羊草不同生育期粗脂肪含量的影响

3. 微量元素肥料对粗纤维含量的影响

羊草植株的粗纤维含量随着羊草生育期的推移呈增加趋势。返青期的粗纤维含量最低，为 19.27%～21.03%，返青期到抽穗期的粗纤维含量缓慢升高，抽穗后羊草进入生殖生长阶段，抽穗期至成熟期的粗纤维含量升高速度加快，在成熟期最高。施用微量元素肥料的羊草粗纤维含量变化规律与施用其他肥料相似，也随着生育期的推移，羊草粗纤维含量基本呈增加趋势。返青期到抽穗期的粗纤维含量增加，不同微量元素肥料处理在抽穗期的粗纤维含量在 24.14%～27.18%，施铜肥处理的粗纤维含量增高最多，施钼肥处理的粗纤维含量增幅最小。在盛花期，施铜肥处理的粗纤维含量为 32.95%，施钼肥的粗纤维含量为 30.7%，较初花期有所提高，其他微量元素肥料处理的粗纤维含量有降低的趋势，降低幅度为 0.21%～2.79%，其中施硼肥处理的降幅最小，施锰肥处理的降幅最大。施用微量元素肥料的羊草粗纤维含量在成熟期又有所增加，施铁肥处理的粗纤维含量最高，为 34.54%，施硼肥处理的粗纤维含量最低，为 31.6%（图 3.62）。可根据粗纤维含量选择羊草最佳刈割时期。

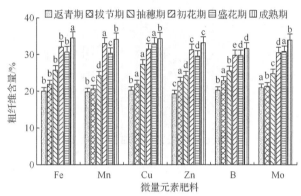

图 3.62　微量元素肥料对羊草不同生育期粗纤维含量的影响

3.5.6　微量元素肥料对养分含量和吸收的影响

1. 微量元素肥料对羊草氮、磷、钾含量的影响

羊草植株在不同生育期的氮含量不同，羊草植株的氮含量随着羊草生育期的推进呈下降趋势。不同微量元素肥料对羊草各生育期氮含量的影响程度不同。返青期羊草植株的氮含量最高，施锌肥处理的植株含氮量最高，为 3.07%，显著高于其他处理；施锰肥处理的植株氮含量最低，为 2.72%。不同微量元素肥料处理下，返青到拔节期的氮含量均显著降低，施锌肥处理降低最多，为 0.95%，施硼肥降低最少，为 0.51；拔节期到抽穗期氮含量变幅不明显；抽穗期到成熟期的氮含量均逐渐降低，施锌肥处理的氮含量在成熟期最高，为 1.74%，施铜肥处理的氮含量最低，为 1.14%［图 3.63（a）］。

随着羊草的生长，植株磷含量总体呈逐渐下降趋势。返青期羊草植株磷含量最高，返青期后随着生育期的延长逐渐降低，这是因为羊草生物量增加，养分浓

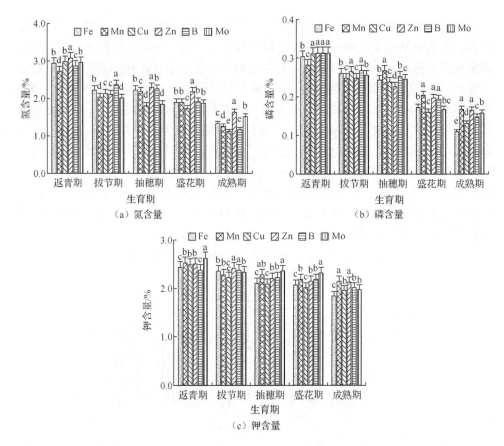

图 3.63　微量元素肥料处理下羊草不同生育期氮、磷、钾含量

度稀释。施用微量元素肥料可促进羊草对磷的吸收，磷含量变化趋势是随着生育期的进程不断降低。施铜肥处理的羊草植株磷含量低于施锌肥、施硼肥处理。施铜肥处理的磷含量虽低于施锌肥、施硼肥处理，但施铜肥处理的干物质积累量较施锌肥处理高出 29.7%，施铜肥处理的干物质积累量较施硼肥处理高出 33.0% [图 3.63（b）]。

羊草的钾含量在整个生育期呈逐渐降低的趋势。返青期的钾含量最高，为 2.37%～2.61%，随着羊草的生长，植株的钾含量逐渐降低，成熟期的植株钾含量降低为 1.83%～2.14%。微量元素肥料处理的羊草在整个生育期钾含量呈逐渐降低的趋势，但变化幅度较小。成熟期施锰肥处理的钾含量最高，施铁肥处理的钾含量最低 [图 3.63（c）]。

2. 微量元素肥料对羊草氮、磷、钾吸收的影响

随着生育期的推进，羊草氮吸收量逐渐增加，盛花期氮吸收速率显著降低，吸收量趋于稳定。不同微量元素对羊草氮吸收量的影响不同，微量元素肥料处理

的氮吸收量在成熟期最高，施钼肥处理的氮吸收量最高，施硼肥处理的氮吸收量最低。不同微量元素肥料处理下，返青期到抽穗期的平均吸收速率为 2.60～3.15kg/（hm²·d），在羊草各生育期中最大，氮吸收量占整个生育期的 60.2%；抽穗期到盛花期平均吸收速率降低至 0.46～1.18kg/（hm²·d），氮吸收量占整个生育期的 6.1%；盛花期到成熟期平均吸收速率降低至 0.26kg/（hm²·d），氮吸收量逐渐趋于稳定。不同微量元素肥料处理间氮吸收量在返青期到抽穗期差异不显著，盛花期的差异逐渐明显。在成熟期，施钼肥处理的氮吸收量最高，达 135.2kg/hm²；施硼肥处理的氮吸收量最低，为 103.74kg/hm²（图 3.64）。返青期到抽穗期是氮吸收的关键时期，抽穗期到盛花期是氮吸收的重要时期，在此期间应保证充足的氮素供应。

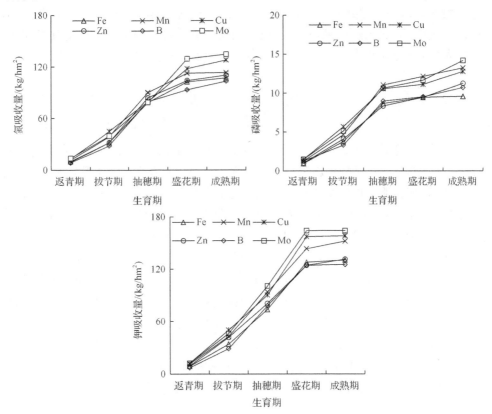

图 3.64　微量元素肥料处理下羊草不同生育期氮、磷、钾吸收量

虽然羊草植株的磷含量随着生育期的推进不断降低，但由于生物量的快速增加，磷吸收量随着生育期的推进呈增加趋势。施用微量元素肥料提高羊草对磷的吸收，不同微量元素对磷吸收量的影响随着生育期的推进差异逐渐显著（$P<$ 0.05）。施铁肥处理在成熟期的磷吸收量为 9.88kg/hm²，显著低于其他微量元素肥

料处理，这可能与铁对磷的固定有关。虽然施铜肥处理的磷含量低于施锌肥、施硼肥处理的磷含量，但其干物质积累量高，施铜肥处理的干物质积累量较施锌肥处理高出 29.7%，较施硼肥处理高出 33.0%。施钼肥、施锰肥处理的磷吸收量较高，施钼肥处理的磷吸收量较施铜肥处理高出 11.0%，施锰肥处理的磷吸收量较施铜肥处理高出 4.3%，钼肥和锰肥对羊草磷吸收有促进作用（图 3.64）。

羊草植株的钾含量随着生育进程不断降低，而钾吸收量在羊草生育期内呈 S 形增长，且增长变幅较大。返青期到盛花期钾吸收量呈直线增加，盛花期之后钾吸收量几乎不再增加，可见羊草在盛花期之前几乎完成整个生育期钾的吸收。各微量元素肥料处理的钾吸收量差异显著，在成熟期，施钼肥处理的钾吸收量最高，达 164.8kg/hm^2，较施铜肥处理的钾吸收量高出 3.7%，较施锰肥处理的钾吸收量高出 7.7%，较施锌肥处理的钾吸收量高出 25.3%，较施铁肥处理的钾吸收量高出 26.2%，较施硼肥处理的钾吸收量高出 31.1%（图 3.64）。施用微量元素肥料可提高羊草种子产量、产草量和牧草品质，应根据微量元素特性在人工草地进行应用。

3.6 小　　结

（1）化肥单施和配施有利于提升土壤养分供给能力，促进植株对氮、磷、钾营养元素的吸收；化肥配合施用更有利于促进羊草生长发育，提高肥料利用效率。

（2）施用氮肥可以满足羊草生长发育对氮素营养的需要，促进羊草对氮、磷、钾营养元素的吸收，对羊草种子产量和产草量有明显的促进作用。羊草种子产量最高时，适宜施氮量为 104.9～180.0kg/hm^2，随着羊草种植年限延长，需氮量增大。施氮量为 152.6～168.3kg/hm^2 时羊草的产草量最大，考虑生产成本及氮肥利用率，施氮量在 130.0～160.0kg/hm^2 时经济效益较好。氮肥还可以提高羊草粗蛋白和粗脂肪含量，降低粗纤维含量，大幅提高粗蛋白和粗脂肪产量，提高了羊草品质；施氮量为 180kg/hm^2 时羊草量粗蛋白和粗脂肪含量虽然较高，但粗纤维含量也较高，品质有所下降。综合考虑种子产量、产草量和品质，施氮量以不超过 180kg/hm^2 为宜。建议氮肥分两次施用，一次在羊草返青期施入，一次在收获青草或种子收获后施入；或 2/3 在返青期施入，1/3 在收获后施入，也可以秋季第二茬收获后施入。

（3）施用磷肥能促进羊草植株分蘖，提高籽粒的饱满度，提高种子产量和质量。种子产量最高时的施磷量为 144.3～202.9kg/hm^2；产草量最高时的施磷量为 124.5～172.3kg/hm^2；施磷量为 180kg/hm^2 时拔节期、抽穗期、初花期和成熟期的粗蛋白产量均最高，在各生育期的粗脂肪产量最高；羊草氮、磷、钾吸收的高峰期为拔节期到抽穗期，在施磷量为 180kg/hm^2 时，羊草氮、磷、钾吸收量最高。

施磷量大于 180kg/hm² 后羊草品质下降，氮、磷、钾吸收量也降低。综合考虑产量和品质，施磷量以不超过 180kg/hm² 为宜。

（4）施用钾肥促进羊草植株营养生长和生殖生长，有明显的提质增效作用。施用钾肥提高种子产量和品质，种子产量最高时的施钾量为 104.8～153.1kg/hm²，产草量最高时的施钾量为 85.2～101.0kg/hm²，施用钾肥有较好的经济效益。施钾量为 180kg/hm² 时，在抽穗期和盛花期的粗蛋白产量均最高，粗脂肪产量也较大，但与施钾量为 120kg/hm² 时的粗蛋白产量、粗脂肪产量差异不明显。施钾量为 180kg/hm² 时的氮、磷、钾吸收量最高，但与施钾量为 120kg/hm² 时的吸收量差异不大。建议以生产种子为目的的羊草地施钾量应控制在 150kg/hm² 以内，以产草为目的的羊草地施钾量为 120kg/hm² 时效果较好。

（5）施用微量元素肥料有明显的提质增效作用，促进羊草植株营养生长和生殖生长。施微量元素肥料提高抽穗期和盛花期粗蛋白产量，粗脂肪产量也较大，提高种子产量、产草量、羊草品质和氮磷钾吸收量，有较好的经济效益。

第 4 章　人工羊草地微生物肥和腐殖酸肥效应

微生物能增加土壤肥力，有效地抑制病原菌，为植物提供营养和生理活性物质，提高作物的产量和品质。土壤微生物直接参与土壤物质和能量的转化、腐殖质的形成和分解、养分释放、氮素固定等土壤肥力形成和发育过程。微生物肥增加土壤中有益微生物数量，能够增强土壤微生物活性，不仅为植物提供氮源，还能提供磷、钾和多种微量元素。施用微生物肥既可增加根部土壤中有益菌类的数量和活性，增强抵御不良环境的能力，还能提高肥料利用率，提高土壤肥力。

4.1　人工羊草地微生物肥效应研究

4.1.1　微生物肥在羊草生产上的应用

1. 微生物肥功能

微生物肥是以土壤有益微生物为核心的活性肥源，以有机物、无机物和微量元素为基质载体组成的复混生物活性肥料。微生物肥能改变土壤耕作层微生物区系，在植物根系周围形成优势菌落，从而强烈抑制病原菌繁殖，降低病虫害发生频次。微生物在其生命活动过程中产生激素类、腐殖酸类及抗生素类物质，这些物质能刺激植物生长，增强植物自身抗病害能力。微生物菌剂是有益的、有效的微生物群，能合成抗氧化物质，抑制和杀死病原微生物。

微生物肥能修复退化土壤，在水分、温度、pH 等适宜的条件下，肥料中的微生物菌群与土壤中原有的有益微生物共同形成优势菌群，促进土壤生态系统中碳、氮、氧等元素的良性循环，从而修复土壤生态环境系统，使生态系统达到新的平衡。

微生物可以形成土壤结构。微生物是土壤的活跃组成成分，土壤微生物代谢活动中氧气和二氧化碳的交换以及分泌的有机酸等有助于土壤粒子形成大的团粒结构，最终形成真正意义上的土壤。微生物可以分解有机质，植物的残茬和施入的有机肥料只有经过土壤微生物的作用才能释放出营养元素，供植物利用，并形成腐殖质，改善土壤的结构。

土壤微生物与植物根部营养有密切关系。微生物可以分解矿物质，其代谢产物能促进土壤中难溶性物质的溶解。微生物将土壤中的矿质肥料分解成作物可以吸收利用的形态。例如，磷细菌能分解磷矿石中的磷，钾细菌能分解钾矿石中的钾，以利于作物吸收利用，提高土壤肥力。另外，尿素的分解利用也离不开土壤微生物。某些微生物可借助其固氮作用将空气中的氮气转化为植物能够利用的固定态氮化物。在植物根系周围生活的土壤微生物还可以调节植物生长，植物共生的微生物如根瘤菌、菌根和真菌等能为植物直接提供氮、磷和其他矿质元素的营养，以及有机酸、氨基酸、维生素、生长素等各种有机营养，促进植物的生长。

土壤中存在一些抗生性微生物，能够分泌抗生素，抑制病原微生物的繁殖，可以防治和减少土壤中的病原微生物对植物的危害。微生物还可以降解土壤中残留的有害物质，降解土壤中残留的有机农药和工业废弃物。微生物把有害物质分解成低害甚至无害的物质，降低残毒危害。可根据土壤微生物实际情况，人为引入有益的土壤微生物等，有目的地调节土壤微生物数目和种类；通过制订农业生产措施，改进施肥、栽培和耕作制度来恢复原有的微生物群落或增加微生物的某些功能，从而抑制作物土传病害，提高土壤微生物多样性。

2. 胶冻样芽孢杆菌的主要功能

胶冻样芽孢杆菌具有解磷、解钾、固氮功能，直接为作物提供可吸收利用的营养元素，繁殖快速，生命力强，安全无毒，在土壤中繁殖生长，产生有机酸、荚膜多糖等代谢产物，破坏硅铝酸盐的晶格结构，分解难溶性磷化合物等，释放出可溶的磷、钾及钙、硫、镁、铁、锌、钼、锰等中微量元素，既增进了土壤肥力，又能大幅度提高肥料的利用率，减少化肥的用量。

胶冻样芽孢杆菌施入土壤后在其代谢过程中产生赤霉素、吲哚乙酸、细胞分裂素等多种生理活性物质。作物叶绿素含量同比增加 16%～18%，显著提高光合作用，使植物根系发达、生长健壮，增强植物抗旱、抗寒等抗逆性，从而提高植物产量和改善品质。

胶冻样芽孢杆菌可以提高作物抗逆性。该菌属于植物根际促生菌，在土壤中增殖代谢，产生多种激素类物质、生物酶、氨基多糖类物质和蛋白质、氨基酸类物质，促进作物生长发育，诱导作物增强抗性，增强抗寒、抗旱、抗病和抗逆能力，改善果实品质；在作物根部形成有益菌群，有效抑制土壤有害和致病微生物的繁殖，显著减少多种土传病害的发生，减少农药的使用，减轻农药污染。

胶冻样芽孢杆菌在形成芽孢后具有极强的耐高渗透压的特性，可以和容易产生高渗透压的化肥随意掺和，制作成微生物有机无机复混肥。

3. 微生物肥在牧草草地的应用

微生物肥以特定的微生物的生命活动使植物得到特定的肥料效应。微生物菌剂的生产和利用为维系土壤养分平衡、恢复土壤有机状态开辟了新的途径。牧草草地或羊草地土壤微生物种类及时空变化有较多研究，但少有施用微生物肥的报道。本章在人工羊草地上对微生物肥（胶冻样芽孢杆菌由陕西省微生物研究所提供）进行试验，研究施用微生物肥对羊草种子产量、产草量及其构成因子的影响，分析羊草返青期、拔节期、抽穗期、初花期、盛花期、成熟期干物质和氮磷钾养分积累动态变化的影响，探究人工羊草高产优质的微生物肥施用技术，为发展人工羊草地提供依据。试验区概况、试验设计、试验材料和各指标测定等参见第 2 章。

4.1.2　微生物肥对羊草种子产量及其构成因子的影响

1）微生物肥对羊草种子产量的影响

施用微生物肥对羊草种子产量有明显影响，达到显著水平（$P<0.05$）（图 4.1），微生物肥对羊草的影响主要是通过活菌发挥作用，羊草种子产量随着微生物肥用量的增加呈先增加后降低的趋势，在 27 万亿个活菌/hm^2（W3 处理）时种子产量达到最高。2014 年种子产量为 734.4kg/hm^2，2015 年种子产量为 958.3kg/hm^2。2014 年种子产量与微生物肥用量的回归方程为 $y = -0.3272x^2 + 18.463x + 416.11$（$R^2 = 0.8003$），每公顷活菌数为 28.21 万亿时，种子产量最高。2015 年种子产量与微生物肥用量的回归方程为 $y = -0.4007x^2 + 21.67x + 573.85$（$R^2 = 0.7092$），每公顷活菌数为 27.04 万亿时，种子产量最高。2015 年种子产量与 2014 年相比，增幅为 25.2%～37.5%，增产效益显著。

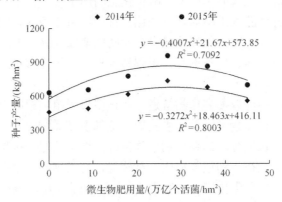

图 4.1　微生物肥对羊草种子产量的影响

2）微生物肥对羊草种子产量构成因子的影响

微生物肥用量对羊草穗长、小穗数产生显著性影响（$P<0.05$）。W3 处理的羊草穗长最长，小穗数较多，W4 处理的穗长稍小于 W3 处理的穗长，W3 处理与 W4 处理、W2 处理的小穗数差异不显著，但显著大于其他微生物肥用量的小穗数。对千粒重效果最好的是 W3 处理与 W4 处理，其他微生物肥用量之间差异不显著，但明显高于不施微生物肥的千粒重（表 4.1）。

表 4.1　微生物肥对羊草种子产量构成因子的影响

处理	穗长/cm		小穗数/（个/穗）		千粒重/g		抽穗数/（个/m²）		抽穗率/%	
	2014 年	2015 年	2014 年	2015 年	2014 年	2015 年	2014 年	2015 年	2014 年	2015 年
W0	13.4d	11.76d	14.2c	13.1b	2.12c	2.08c	287d	490e	19.17	26.25
W1	13.84c	11.88d	14.6c	13.9ab	2.17b	2.17b	298d	524d	19.67	26.57
W2	14.9b	12.60c	15.2b	14.4a	2.18b	2.14b	393b	706b	24.95	37.04
W3	16.18a	13.58a	18.4a	14.3a	2.26a	2.27a	441a	736a	25.63	32.55
W4	15.04b	13.16b	18.0a	14.6a	2.24a	2.31a	337c	628c	20.64	28.83
W5	13.48d	12.64c	15.4b	12.6c	2.19b	2.16b	306d	544d	19.74	27.69

　　微生物肥用量显著影响羊草抽穗数，W3 处理的抽穗数最大，W2 处理的抽穗数小于 W3 处理的抽穗数，但大于 W1 处理的抽穗数。随着施用微生物肥年限的增长，不同微生物肥用量的羊草抽穗数、抽穗率均显著增加，各处理 2015 年的抽穗率相较 2014 年增幅为 6.90%～12.18%。W3 处理的羊草单株穗长最长，抽穗数最多，千粒重最大，种子产量也最高。

4.1.3　微生物肥对羊草产草量和植株性状的影响

　　1）微生物肥对羊草产草量的影响

　　微生物肥对羊草产草量的影响差异显著（$P < 0.05$），随着微生物肥用量的增加，产草量呈先增加后降低的趋势。W3 处理的产草量最高，与不施微生物肥处理相比，2014 年产草量增加 43.6%，2015 年产草量增加 42.2%。2014 年产草量与微生物肥用量的回归方程为 $y = -2.0042x^2 + 143.67x + 6316$（$R^2 = 0.7768$），微生物肥用量达 35.84 万亿个活菌/hm² 时羊草产草量最高，超过此用量后再增加微生物肥用量，羊草的增产效益降低。2015 年产草量与微生物肥用量的回归方程为 $y = -3.5273x^2 + 192.02x + 6813.9$（$R^2 = 0.8329$），微生物肥用量超过 27.22 万亿个活菌/hm² 时羊草产草量不再增加，再增加微生物肥用量产草量有减小的趋势，增产效益降低。微生物肥用量约为 27 万亿个活菌/hm² 时增产效果最显著，过高其效益反而降低（图 4.2）。羊草地微生物肥用量在 27 万亿个活菌/hm² 左右时，能更好地发挥微生物肥的增产效益。

　　2）微生物肥对羊草植株性状的影响

　　微生物肥对羊草生长影响显著，在羊草整个生育期，微生物肥对羊草株高有明显的影响，W3 处理的株高最大。当少量施用微生物肥时，对羊草株高无太大

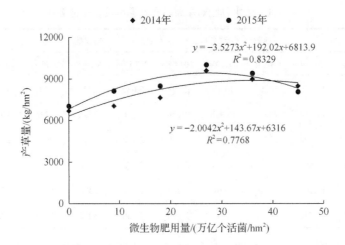

图 4.2　微生物肥对羊草产草量的影响

的影响，不施微生物肥与 W1 处理的株高无显著差异。W2 处理盛花期的株高有较快增长，成熟期的株高较对照（W0 处理）增加 5.8cm，W3 处理成熟期的株高较对照增加 10.1cm（图 4.3）。

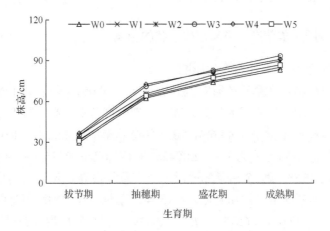

图 4.3　不同微生物肥用量对羊草各生育期株高的影响

　　增加羊草总茎数能有效提高羊草的产草量，可见羊草总茎数也是影响产草量的关键因素之一。随着羊草生长年限的增加，羊草总茎数不断增加。微生物肥有利于增加羊草总茎数，微生物肥对羊草总茎数的影响差异明显。2015 年施用微生物肥的羊草在成熟期总茎数较 2014 年成熟期增幅为 21.0%～33.4%。随着生长年限的增加和生育期的推进，羊草总茎数不断增加，W3 处理的羊草总茎数最多（图 4.4）。

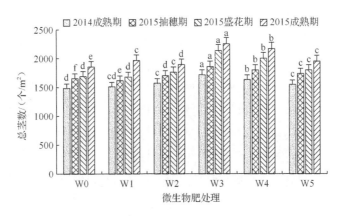

图 4.4　不同微生物肥用量对羊草总茎数的影响

4.1.4　微生物肥对羊草营养品质的影响

1）微生物肥对羊草粗蛋白含量的影响

在羊草的生长过程中，植株粗蛋白含量整体呈降低趋势。羊草返青后进行营养生长，返青期的粗蛋白含量最高，为 15.41%～16.94%，抽穗后进入生殖生长，随着营养物质向种子转移，在成熟期粗蛋白含量降至 6.22%～8.36%，成熟期植株粗蛋白含量最低。盛花期羊草生物量较高，且粗蛋白含量相对较高，是收获羊草的最佳时期。

微生物肥用量对羊草各生育期的粗蛋白含量影响显著（图 4.5）（$P<0.05$）。W0 处理、W1 处理和 W2 处理的粗蛋白含量低于 W3 处理的粗蛋白含量，微生物肥用量继续增加时粗蛋白含量增加不明显。施用微生物肥影响各生育期粗蛋白含量，返青期到拔节期的粗蛋白含量显著降低，施用微生物肥处理在拔节期到抽穗期的粗蛋白含量略有升高，各微生物肥处理在抽穗期到成熟期的粗蛋白含量不断降低，且微生物肥处理间的变幅逐渐减小。施用微生物肥降低成熟期粗蛋白含量，施用微生物肥处理较不施微生物肥处理的粗蛋白含量降低 18% 左右。

2）微生物肥对羊草粗脂肪含量的影响

羊草的粗脂肪含量变化趋势与粗蛋白含量变化趋势基本一致，随着羊草的生长粗脂肪含量呈显著降低趋势（图 4.6）。与施用微生物肥相比，不施用微生物肥的粗脂肪含量在羊草各生育期均处于较低水平，施用微生物肥提高了羊草的粗脂肪含量，提高 1.07%～1.70%，抽穗期含量降为 1.50%～2.60%，施用微生物肥处理在抽穗期到初花期的粗脂肪含量均有所增加，但增加幅度不同。其中，W2 处理的粗脂肪含量增加最多，增加 0.73%；微生物肥用量最大时粗脂肪含量增加最

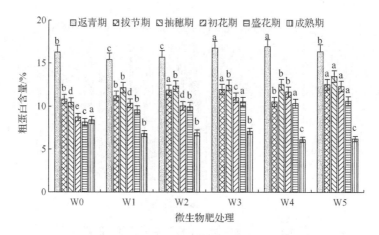

图 4.5　微生物肥用量对羊草粗蛋白含量的影响

少，仅增加 0.04%。初花期到成熟期粗脂肪含量又不断降低，各处理粗脂肪含量降低 0.64%～0.93%，可见微生物肥用量影响羊草各个生育期粗脂肪含量的变化幅度不同。成熟期 W3 处理的羊草粗脂肪含量最高，为 1.81%；W2 处理的粗脂肪含量次之，为 1.68%。

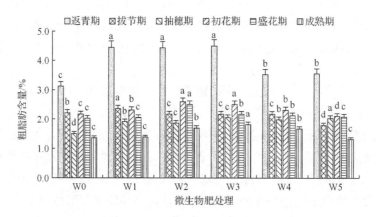

图 4.6　微生物肥用量对羊草粗脂肪含量的影响

3）微生物肥对羊草粗纤维含量的影响

返青期粗纤维含量在 19.15%～21.71%，返青期到抽穗期粗纤维含量缓慢增加，增幅 15.18%～32.00%（图 4.7）。抽穗期到初花期的粗纤维含量增加显著，增幅 20.01%～34.88%。不同微生物肥用量对粗纤维含量影响不同，W3 处理在成熟期的粗纤维含量最高，达 34.97%，不同微生物肥用量的粗纤维含量差异较大，不同微生物肥用量对成熟期粗纤维含量影响不同。

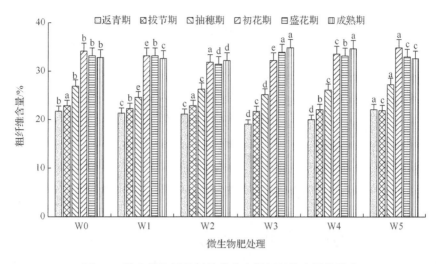

图 4.7　微生物肥用量对羊草生育期粗纤维含量的影响

4）微生物肥对羊草干物质积累量的影响

羊草各生育期干物质积累量随着植株的生长差异逐渐增大。羊草干物质积累量的变化趋势是返青期到拔节期增加缓慢，拔节期到盛花期明显增加，籽实形成以后又开始减缓，在接近成熟期时趋于稳定，羊草干物质积累量在成熟期最高。微生物肥能促进羊草生长，增加羊草干物质积累量。合理施用微生物肥可以显著增加羊草干物质积累量，不同微生物肥用量对羊草各生育期的干物质积累量影响差异显著，不同微生物肥处理在拔节期的干物质积累量差异不明显，拔节期之后差异逐渐增大。返青期到抽穗期 W3 处理的干物质积累量最高，较其他微生物肥处理高 10.3%～16.9%。成熟期 W3 处理的羊草干物质积累量最高，干物质积累量增加 34.4%，微生物肥用量超过 27 万亿个活菌/hm² 时，干物质积累量不再增加（图 4.8）。干物质积累量与微生物肥用量的回归方程为 $y=4117.8+94.51x-1.546x^2$（R^2=0.8814），随着微生物肥用量的增加，干物质积累量不断增加，当微生物肥用量超过 25.17 万亿个活菌/hm² 时，干物质积累量出现降低趋势。

5）微生物肥对羊草干物质积累速率的影响

羊草不同生育阶段的干物质积累速率不同。返青期到拔节期干物质积累速率最高，为 107.9～136.3kg/（hm²·d），其积累量占生育期的 19.1%～26.7%；拔节期到抽穗期干物质积累速率有所降低，为 70.73～94.6kg/（hm²·d），积累量占生育期的 20.7%～27.4%；抽穗至盛花期干物质积累速率降至 41.9～64.8kg/（hm²·d），积累量在整个生长过程中最高，占总积累量 27.3%～31.5%；盛花期到成熟期干物质积累速率降至 15.6～33.2kg/（hm²·d），微生物肥用量为 27 万亿个活菌/hm² 时的干物质积累速率为 29.81kg/（hm²·d），微生物肥用量为 36 万亿个活菌/hm² 时的干物质积累速率为 33.25kg/（hm²·d），微生物肥最大用量为 45 万亿个活菌/hm² 时的干

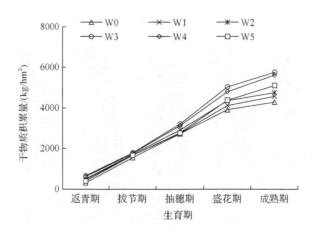

图 4.8　微生物肥对羊草各生育期干物质积累的影响

物质积累速率为 29.63kg/（hm²·d）。说明微生物肥能够延长羊草干物质积累的时间，从而增加干物质积累量。

施用微生物肥可以显著提高羊草干物质积累量，加快生长。适量的微生物肥能显著促进干物质积累，当微生物肥用量超过 27 万亿个活菌/hm² 时，干物质积累量出现降低趋势，合理施用才能发挥微生物肥的经济效益。

4.1.5　微生物肥对养分含量和吸收的影响

1）微生物肥对羊草氮、磷、钾含量的影响

羊草植株养分中的氮含量随生育期延长基本呈下降趋势。返青期氮含量最高，返青期到抽穗期显著下降，盛花期后随着籽粒的形成，植株的氮含量逐渐降至最低。微生物肥对羊草吸收氮素有明显影响，不同用量微生物肥的羊草氮含量差异显著［图 4.9（a）］。返青期的植株氮含量最高，为 2.43%～2.71%，不同微生物肥处理间氮含量差异显著；返青期到拔节期的氮含量下降至 1.58%～2.01%，不同微生物肥处理间的氮含量差异逐渐增大；抽穗期不同微生物肥处理间氮含量差异显著；抽穗期到成熟期的氮含量不断降低，不同微生物肥处理间差异逐渐缩小。微生物肥用量在 36 万亿个活菌/hm² 以下时，成熟期的氮含量显著高于不施肥的氮含量，合理施用微生物肥有助于羊草氮含量的提高。

随着羊草的生长，植株磷含量总体呈逐渐下降趋势。返青期时羊草植株磷含量最高，返青期后随着羊草生育进程植株的磷含量逐渐降低。这是因为羊草生物量增加，养分浓度稀释，抽穗后羊草植株养分向穗部器官转移，植株的磷含量逐渐降低。施用微生物肥羊草植株磷含量变化的总体趋势是拔节期到抽穗期缓慢降低，抽穗期到盛花期下降幅度最大，微生物肥各处理间在盛花期、成熟期的磷含量变化幅度减小［图 4.9（b）］。

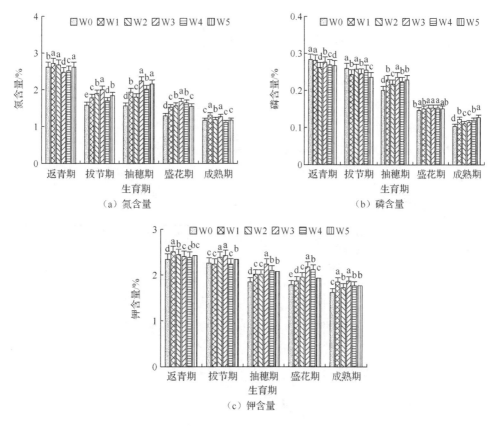

图 4.9　微生物肥处理下羊草不同生育期氮、磷、钾含量

返青期钾含量为 2.31%～2.51%，成熟期降低至 1.61%～1.87%。不施用微生物肥的植株钾含量最低，施用微生物肥增加了植株的钾含量 [图 4.9（c）]。不同微生物肥处理在羊草各生育期的增幅不同，各生育期的钾含量变化总体呈降低趋势。

2）微生物肥对羊草氮、磷、钾吸收的影响

不同微生物肥处理的氮吸收量随着羊草生育期的推进逐渐增加。返青期到抽穗期是氮素积累的关键时期，在此期间氮吸收速率为 1.38～2.22kg/（hm²·d），吸收量占生育期总吸收量的 57.9%～73.1%；抽穗期到盛花期也是氮吸收的一个重要时期，在此期间氮吸收速率降低至 0.27～0.58kg/（hm²·d），吸收量占生育期总吸收量的 12.4%～20.4%；盛花期到成熟期羊草氮吸收速率很低，仅为 0.58～1.38kg/（hm²·d）。不同微生物肥处理的氮吸收量随着微生物肥用量的增加先增加后减少，微生物肥用量为 27 万亿个活菌/hm² 时，成熟期的氮吸收量最高，达 85.97kg/hm²；当微生物肥用量高于 27 万亿个活菌/hm² 时，随着微生物肥用量的增加，氮吸收量不再增加，反而有所下降。施用微生物肥可提高羊草氮含量，也可提高羊草氮吸收量。当微生物肥用量高于 27 万亿个活菌/hm² 时，氮吸收效果反而降低，合理施用微生物肥有助于氮含量的提高（图 4.10）。

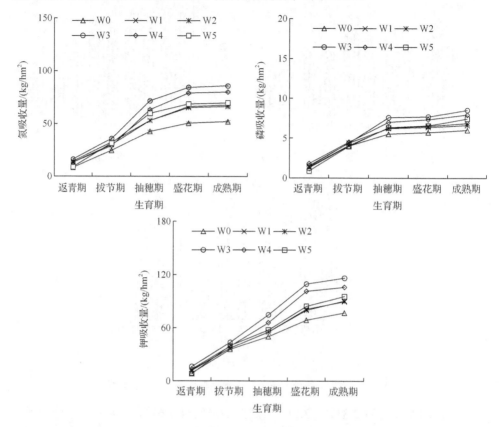

图 4.10　微生物肥处理下羊草不同生育期氮、磷、钾吸收量

随着羊草生育期的推进，磷吸收量不断增加。不同微生物肥处理间返青期到拔节期的磷吸收量差异不大，随着生长发育，微生物肥处理间的磷吸收量差异逐渐显著。返青期到抽穗期磷吸收速率最快，为 0.18～0.23kg/（hm²·d），磷吸收量占生育期总吸收量的 68.1%～76.0%；抽穗之后的吸收速率显著降低，趋于平缓，为 0.01～0.02kg/（hm²·d），磷吸收量占生育期总吸收量的 4.2%～14.9%。W2 处理的效果最好，其磷吸收量较对照（W0 处理）增加 42%，其次为 W4 处理，较对照增加 32.8%。施用微生物肥能提高羊草磷含量，提高磷吸收量；微生物肥用量为 27 万亿个活菌/hm² 时磷吸收效果最好（图 4.10）。

钾吸收量随羊草生长呈不断增加趋势，羊草拔节后钾吸收量快速增加，成熟期钾吸收量最高。不同用量微生物肥在返青期差异不明显，拔节后，不同用量微生物肥对植株钾吸收量的影响差异显著，在各生育期钾吸收量呈不断增加趋势。

W3 处理的钾吸收量最高，超过此用量的钾吸收量无显著增加，过高反而会降低钾吸收量。在盛花期至成熟期，W3 处理的钾吸收量最高，其次是 W4 处理的钾吸收量（图 4.10）。应保持合适的微生物肥用量，避免增加成本，造成不必要的资源浪费。

由微生物肥对羊草种子产量、产草量、养分吸收量和品质的影响可以得出，微生物肥用量为 27 万亿个活菌/hm² 时的效果最好，推广应用时微生物肥用量应控制在 27 万亿个活菌/hm² 左右，以便更好地发挥微生物肥的经济效应。

4.2　人工羊草地腐殖酸肥效应研究

施肥是提高羊草地生产力的有效措施之一。合理施肥能提高羊草地产量和品质，提高羊草地土壤肥力，对合理利用羊草地有重要意义。近年来，腐殖酸肥在农业生产上和生态环境治理上应用广泛。腐殖酸是一种天然有机大分子化合物，具有改善土壤理化性质和生物学性状、活化养分、增强土壤保水和保肥能力等作用，对植物生长具有刺激作用，能促进细胞发育和酶的活性，改善作物品质。腐殖酸肥是以草炭、风化煤或褐煤等为主要原料，经过加工制成的一种有机肥料。腐殖酸肥有机质含量高，能为植物生长提供营养物质和生理活性物质。腐殖酸肥作为增补土壤腐殖质、改良土壤、修复荒漠化土地的主要材料，可调节土壤水、肥、气、热状况，改善土壤团粒结构，培肥土壤，对植物生长有促进作用，用于提高植物产量，提高产品品质，改善生态环境。腐殖酸肥在天然羊草地应用研究较少，特别在人工羊草地应用腐殖酸肥的研究少见报道。本节通过在人工羊草地进行腐殖酸肥试验，研究腐殖酸肥提高羊草种子产量、产草量和改善羊草营养品质的作用，为在羊草生产中大面积推广腐殖酸肥提供科学依据。试验区概况、试验设计、试验材料和各指标测定等参见第 2 章。

4.2.1　腐殖酸肥对羊草种子产量及其构成因子的影响

1）腐殖酸肥对羊草种子产量的影响

腐殖酸肥对羊草成熟期种子产量有明显影响。施用腐殖酸肥能提高羊草种子产量，随着腐殖酸肥用量的增加，种子产量呈直线增加的趋势，腐殖酸肥用量与种子产量的关系式为 $y = 0.3672x + 634.9$（$R^2 = 0.9238$）。腐殖酸肥明显影响羊草种子产量，腐殖酸肥用量最大时羊草种子产量最高，增产率最大。腐殖酸肥用量为 300kg/hm² 时，每千克腐殖酸肥增加的种子产量最高，随着用量增大，种子产量的增加量呈现减少趋势（表 4.2）。

表 4.2　腐殖酸肥对成熟期种子产量的影响

指标	处理					
	H0	H1	H2	H3	H4	H5
腐殖酸肥用量/（kg/hm²）	0	150	300	450	600	750
种子产量/（kg/hm²）	618.5	666.5	782	825.6	869.4	873.6
增产量/（kg/hm²）	—	48	163.5	207.1	250.9	255.1
增产率/%	—	7.8	26.4	33.5	40.6	41.2
每千克增产量/（kg/kg）	—	0.32	0.55	0.46	0.42	0.34

2）腐殖酸肥对羊草种子产量构成因子的影响

腐殖酸肥对羊草种子产量构成因子产生影响，施用腐殖酸肥后，羊草的穗长明显增加，穗长随腐殖酸肥用量的增加而增加，其关系式为 $y = 0.0021x + 10.148$（$R^2 = 0.9639$）。腐殖酸肥影响抽穗数，抽穗数随着腐殖酸肥用量增加而增加，其关系式为 $y = 0.3236x + 568.48$（$R^2 = 0.8688$）。千粒重与腐殖酸肥用量的关系式为 $y = 0.0003x + 2.0314$（$R^2 = 0.7926$）（表 4.3）。腐殖酸肥对羊草的穗部性状有较大影响，穗粒数随施用量的增加而增加，小穗数增多，千粒重增大，穗粒数增多，提高了种子产量。

表 4.3　腐殖酸肥对成熟期羊草穗部性状的影响

指标	处理					
	H0	H1	H2	H3	H4	H5
种子产量/（kg/hm²）	618.5	666.5	782.0	825.6	869.4	873.6
千粒重/g	1.96	2.12	2.18	2.22	2.24	2.24
抽穗数/（个/m²）	530	624	686	764	766	769
抽穗率/%	36.2	37.3	40.2	43.3	43.2	41.3
穗长/cm	10.1	10.6	10.6	11.2	11.4	11.7

4.2.2　腐殖酸肥对羊草产草量和植株性状的影响

1）腐殖酸肥对羊草产草量的影响

在人工羊草地施用腐殖酸肥改善了羊草的营养条件，促进其生长发育，植株分蘖数增加。施用腐殖酸肥明显影响不同生育期羊草生物量，影响不同生育期羊草营养成分的含量，提高羊草产草量和品质，也提高成熟期种子产量及产草量。

羊草各生育期产草量随腐殖酸肥用量增加而增加。羊草生育期前期生长缓慢，拔节期至盛花期生长明显加快，后期又趋于平缓。腐殖酸肥对拔节期、抽穗期、盛花期和成熟期产量均有明显影响，腐殖酸肥用量最大时产草量最高（表 4.4）。

表 4.4 腐殖酸肥对羊草产草量的影响

生育期	产草量/（kg/hm^2）					
	H0	H1	H2	H3	H4	H5
拔节期	2050	2355	2865	3550	4025	4525
抽穗期	4500	5065	5658	6135	6345	6985
盛花期	6538	7685	8650	9035	9188	9291
成熟期	6618	7831	8966	9017	9236	9311

从肥料增产效益来看，羊草增产率随施用量的增加而降低。成熟期产草量与腐殖酸肥用量的关系式为 $y = 3.3773x + 7230$（$R^2 = 0.7917$）。随腐殖酸肥用量增加产草量增加，但腐殖酸肥增产效益降低，由每千克腐殖酸肥增产 8.1kg 降到 3.6kg（表 4.5）。

表 4.5 腐殖酸肥对成熟期产草量的影响

指标	处理					
	H0	H1	H2	H3	H4	H5
腐殖酸肥用量/（kg/hm^2）	0	150	300	450	600	750
产草量/（kg/hm^2）	6618	7831	8966	9017	9236	9311
增产量/（kg/hm^2）	—	1213	2348	2399	2618	2693
增产率/%	—	18.3	35.4	36.3	39.6	40.7
每千克增产量/（kg/kg）	—	8.1	7.8	5.3	4.4	3.6

2）腐殖酸肥对羊草植株性状的影响

分蘖数是反映植株分枝能力和生长健壮程度的指标之一，羊草的株高、叶长、叶宽和分蘖数在不同腐殖酸肥施用水平下有较大差异。未施用腐殖酸肥的羊草长势差，植株矮小、叶片窄而短、总茎数少、产草量低。施用腐殖酸肥后，羊草植株分蘖增多，蘖上着生的复叶也增多，生物产量提高。施用腐殖酸肥的植株高大、叶片宽而长、分蘖数多，产草量也随之提升。

腐殖酸肥影响羊草株高。羊草株高在拔节期进入快速生长阶段，未施用腐殖酸肥的羊草株高拔节期到抽穗期由 33.5cm 增加到 48.1cm，抽穗期至盛花期增加至 63.5cm。施腐殖酸肥后，拔节期株高随施肥量增加有所增加，但差异不明显。拔节期至抽穗期是快速增长阶段，处理间差异明显，羊草株高最大增加 10cm 以上（表 4.6）。抽穗、开花后羊草的株高继续增长，随腐殖酸肥用量增加而增长，进入籽粒成熟期后，羊草的株高进入稳定阶段，腐殖酸肥用量对株高的影响差异有所减小。

表 4.6　腐殖酸肥对羊草株高的影响

生育期	株高/cm					
	H0	H1	H2	H3	H4	H5
拔节期	33.5	34.6	34.7	35.1	35.2	35.5
抽穗期	48.1	54.6	59.7	60.1	62.2	65.6
盛花期	63.5	73.6	73.7	74.1	74.2	74.5
成熟期	74.7	82.2	83.2	84.1	84.7	84.9

羊草叶长和叶宽与株高相似，拔节期至抽穗期进入快速生长阶段，花期后羊草叶长和叶宽进入稳定生长阶段。施用腐殖酸肥与未施腐殖酸肥的羊草拔节期、抽穗期的叶长和叶宽差异明显，施用腐殖酸肥的羊草在抽穗期和盛花期的叶长和叶宽与未施腐殖酸肥的羊草有较大差异，叶长和叶宽随腐殖酸用量增大有所增加，未施用腐殖酸肥的羊草盛花期的叶长和叶宽都明显低于施用腐殖酸肥的羊草，不同腐殖酸肥用量之间差异不明显（表 4.7）。

表 4.7　腐殖酸肥对羊草叶长和叶宽的影响　　　（单位：cm）

指标	处理					
	H0	H1	H2	H3	H4	H5
拔节期叶长	19.6	20.0	20.8	21.2	21.6	22.8
拔节期叶宽	0.35	0.358	0.359	0.36	0.361	0.361
抽穗期叶长	20.6	23.5	24.8	25.2	26.6	27.1
抽穗期叶宽	0.402	0.428	0.460	0.462	0.471	0.482
盛花期叶长	24.2	25.1	26.3	26.7	27.9	28.0
盛花期叶宽	0.522	0.536	0.556	0.569	0.571	0.572
成熟期叶长	25.0	25.6	26.9	27.1	28.0	28.3
成熟期叶宽	0.522	0.600	0.600	0.600	0.600	0.600

羊草返青后，总茎数随生育进程一直处于不断增加的态势（表 4.8）。羊草产草量主要取决于单株生物量和总茎数多少。未施腐殖酸肥的羊草在拔节期总茎数为 1402 个/m^2，抽穗期总茎数为 1433 个/m^2，盛花期总茎数为 1455 个/m^2，成熟期总茎数为 1486 个/m^2。不同生育阶段羊草总茎数一直在增加，但增加量不大。这是因为这块试验地是已连续生长了 5 年的羊草地，前一年的基础总茎数相对较大，加之营养元素供给不足，未施腐殖酸肥的羊草总茎数增加量较小。施用腐殖酸肥后总茎数增加，总茎数随腐殖酸肥用量增加而增加。抽穗期腐殖酸肥用量与羊草总茎数的关系式为 $y=0.3842x+1453.4$（$R^2=0.9313$），盛花期腐殖酸肥用量与羊草总茎数的关系式为 $y=0.4168x+1497.4$（$R^2=0.9276$），成熟期腐殖酸肥用量与羊草

总茎数的关系式为 $y=0.429x+1549.8$（$R^2=0.8819$）。随着腐殖酸肥用量不断增大，对不同生育期羊草总茎数的影响增加，总茎数最大值均出现腐殖酸肥用量最大时，增施腐殖酸肥是提高羊草产量的好方法。

表 4.8　腐殖酸肥对羊草总茎数的影响

生育期	总茎数/（个/m²）					
	H0	H1	H2	H3	H4	H5
拔节期	1402	1470	1506	1552	1574	1584
抽穗期	1433	1495	1596	1668	1685	1708
盛花期	1455	1570	1666	1712	1734	1785
成熟期	1486	1672	1706	1762	1774	1864

3）腐殖酸肥对羊草叶绿素含量的影响

已有研究表明，叶绿素是植物光合作用的重要场所，叶绿素含量在一定程度上反映了植物的光合生理状态。利用 SPAD-502 叶绿素仪在野外原位准确、快速地测定羊草叶绿素 SPAD 值，为生产实践提供依据。植物叶片 SPAD 值与叶绿素含量之间呈极显著正相关。施用腐殖酸肥能促进光合作用，增加羊草叶片的叶绿素含量。未施腐殖酸肥的羊草拔节期 SPAD 值为 38.5，抽穗期 SPAD 值为 38.1，盛花期 SPAD 值为 37.5，羊草盛花期 SPAD 值明显低于拔节期和抽穗期 SPAD 值，有随生育进程下降的趋势。施用腐殖酸肥后 SPAD 值有增加的趋势（表 4.9）。拔节期腐殖酸肥用量与羊草 SPAD 值的关系式为 $y=0.0114x+40.419$（$R^2=0.8596$）；抽穗期腐殖酸肥用量与羊草 SPAD 值的关系式为 $y=0.0115x+39.519$（$R^2=0.8807$）；盛花期腐殖酸肥用量与 SPAD 值的关系式为 $y=0.0123x+39.005$（$R^2=0.8927$）。在羊草的生长过程中，SPAD 值随着腐殖酸肥用量的增加呈增加趋势。

表 4.9　腐殖酸肥对羊草 SPAD 值的影响

生育期	SPAD 值					
	H0	H1	H2	H3	H4	H5
拔节期	38.5	43.4	44.8	46.2	47.5	47.7
抽穗期	38.1	42.2	43.0	46.0	47.0	46.7
盛花期	37.5	41.4	43.5	45.9	46.7	46.8

4.2.3　腐殖酸肥对羊草营养品质的影响

优质牧草是草食性动物最重要的饲料来源，牧草的营养成分是维持草食性动物正常生长发育及动物产品生产的物质和能量基础。牧草的营养物质通常包括粗蛋白、粗脂肪、粗纤维、粗灰分、无氮浸出物等。通常认为粗蛋白、粗脂肪含量越高，无氮浸出物含量越高，粗纤维含量越低，牧草的营养价值就越高，反之牧草的营养价值就越低。羊草与其他禾本科牧草一样，粗蛋白、粗纤维、粗脂肪、粗灰分和无氮浸出物含量直接决定着羊草营养价值和品质。与其他禾本科牧草相比，羊草中粗蛋白、粗脂肪和无氮浸出物含量偏高，粗灰分和粗纤维含量偏低，因此营养价值较高。

提高羊草营养价值和改善牧草品质就是提高粗蛋白含量、降低粗纤维含量。羊草不同器官的粗蛋白含量相差较大，同一时期植株不同部位的粗蛋白和粗纤维含量相差较大，嫩枝叶中粗蛋白含量明显高于主枝和老叶，嫩枝叶中粗纤维含量明显低于主枝和老叶。抽穗期植株的嫩枝叶中粗蛋白含量为18.1%，老枝叶中粗蛋白含量为13.2%，植株茎秆的粗蛋白含量为11.9%；抽穗期植株的嫩枝叶中粗纤维含量为29.1%，老枝叶中粗纤维含量为33.2%，植株茎秆的粗纤维含量为36.9%。

1）腐殖酸肥对羊草粗蛋白的影响

蛋白质是一切生命的物质基础，是维持生命和活动必需的营养物质。粗蛋白含量是牧草营养价值评价的重要指标，通常认为牧草的营养价值随牧草中粗蛋白含量增高而增大。羊草粗蛋白含量的高低是评价羊草品质的一个重要指标。

羊草不同生育粗蛋白含量差异较大。不施肥的羊草粗蛋白含量维持在一定水平，拔节期粗蛋白含量为14.23%，拔节期粗蛋白含量在羊草生育期最高，营养价值也最高；拔节后生长速度加快，营养成分随生物量增大而下降。不施肥的羊草在抽穗期的粗蛋白含量为11.45%，盛花期粗蛋白含量为9.80%，成熟期植株的粗蛋白含量最低，仅为 8.11%，羊草粗蛋白含量随生育进程整体呈下降的趋势（表4.10）。

表4.10　腐殖酸肥对羊草粗蛋白含量的影响

生育期	粗蛋白含量/%					
	H0	H1	H2	H3	H4	H5
拔节期	14.23	15.00	15.62	15.73	15.83	15.86
抽穗期	11.45	12.39	12.66	12.91	13.12	13.57
盛花期	9.80	10.33	11.97	12.15	12.56	12.86
成熟期	8.11	9.57	9.93	10.53	10.55	10.60

施用腐殖酸肥后羊草生长加快，提高了羊草品质，施腐殖酸肥有利于提高羊草粗蛋白含量。原因是施入腐殖酸肥后幼嫩枝叶相对较多，随腐殖酸肥用量的增加，羊草的粗蛋白含量均呈稳定增长态势。施用腐殖酸肥在羊草拔节期粗蛋白含量增加幅度相对较小，其原因是拔节期与施肥时间相隔较短。抽穗期的粗蛋白含量随腐殖酸肥用量的增加而增加，其关系式为 $y = 0.0025x + 11.752$（$R^2 = 0.9216$）；

盛花期的粗蛋白含量也表现为随腐殖酸肥用量的增加而增加，其关系式为 $y = 0.0042x + 10.028$（$R^2 = 0.9001$）；成熟期粗蛋白含量普遍下降，腐殖酸肥用量与羊草粗蛋白含量的关系式为 $y = 0.003x + 8.7395$（$R^2 = 0.7904$）。不同腐殖酸肥用量对羊草不同生育期的粗蛋白含量有明显影响。

施用腐殖酸肥不仅可以提高羊草粗蛋白含量，也大幅增加干物质积累量，在腐殖酸肥的作用下增加粗蛋白产量（表 4.11）。抽穗期的粗蛋白产量随腐殖酸肥用量的增加而增加，其关系式为 $y = 0.5435x + 534.79$（$R^2 = 0.9844$）。盛花期的粗蛋白产量与腐殖酸肥用量的关系式为 $y = 0.7454x + 706.59$（$R^2 = 0.9006$），粗蛋白产量在整个生育期最高，也就说明盛花期是刈割羊草的最佳时期。成熟期腐殖酸肥用量与羊草干草粗蛋白产量的关系式为 $y = 0.5687x + 634.62$（$R^2 = 0.8268$），成熟期羊草粗蛋白产量普遍下降，比盛花期的粗蛋白产量大幅下降。

表 4.11 腐殖酸肥羊草粗蛋白产量的影响

生育期	粗蛋白产量/（kg/hm²）					
	H0	H1	H2	H3	H4	H5
拔节期	291.7	353.3	447.5	558.4	637.2	717.7
抽穗期	515.3	627.6	716.3	792.0	832.5	947.9
盛花期	640.7	793.9	1035.4	1097.8	1154.0	1194.8
成熟期	536.7	749.4	890.3	949.5	974.4	987

2）腐殖酸肥对羊草粗脂肪的影响

牧草中的脂肪含量一般用粗脂肪含量表示，是优质牧草的重要质量指标之一。脂肪是含能量最高的营养素，所含能量是碳水化合物和蛋白质的 2～4 倍。牧草中粗脂肪在动物营养中起着很重要的作用，供给动物贮藏能量，可提高牧草的消化率，还能提高牧草的适口性。羊草不同生育期的粗脂肪含量差异明显，随着羊草的生长粗脂肪含量降低。不施肥的羊草拔节期粗脂肪含量为 2.62%，抽穗期粗脂肪含量为 1.78%，盛花期粗脂肪含量为 1.66%。随着羊草的生长，植株中粗脂肪含量呈下降趋势，拔节期粗脂肪含量高于其他生育期，成熟期粗脂肪含量最低（表 4.12）。

表 4.12 腐殖酸肥对羊草粗脂肪含量的影响

生育期	粗脂肪含量/%					
	H0	H1	H2	H3	H4	H5
拔节期	2.62	2.76	2.88	2.89	2.99	3.12
抽穗期	1.78	2.12	2.31	2.42	2.46	2.50
盛花期	1.66	1.93	2.18	2.18	2.21	2.25
成熟期	1.44	1.88	1.89	1.9	1.95	1.97

腐殖酸肥可以提高羊草植株粗脂肪含量，不同时期粗脂肪含量随腐殖酸肥用量增加呈上升趋势。抽穗期腐殖酸肥用量与植株粗脂肪含量关系式为 $y = 0.0009x + 1.9271$（$R^2 = 0.8511$），盛花期腐殖酸肥用量与羊草粗脂肪含量关系式为 $y = 0.0007x + 1.7976$（$R^2 = 0.7776$）。

施用腐殖酸肥不仅可以提高羊草植株粗脂肪含量，也大幅增加干物质积累量，粗脂肪产量在腐殖酸肥的作用下增加（表 4.13）。在盛花期刈割时，粗脂肪产量较其他时期有大幅增加，其关系式为 $y = 0.1274x + 127.76$（$R^2 = 0.8341$），盛花期粗脂肪产量最高。成熟期植株粗脂肪产量较花期大幅降低，腐殖酸肥用量与粗脂肪产量关系式为 $y = 0.1031x + 119.15$（$R^2 = 0.7618$），羊草粗脂肪产量和粗蛋白产量的趋势一致。

表 4.13　腐殖酸肥羊草粗脂肪产量的影响

生育期	粗脂肪产量/（kg/hm^2）					
	H0	H1	H2	H3	H4	H5
拔节期	53.7	65.0	82.5	102.6	120.3	141.2
抽穗期	80.1	107.4	130.7	148.5	156.1	174.6
盛花期	108.5	148.3	188.6	197.0	203.1	207.7
成熟期	95.3	147.2	169.5	171.3	180.2	183.4

3）腐殖酸肥对羊草粗纤维的影响

粗纤维是牧草中不易或不能被动物消化利用的成分，牧草的粗纤维含量越高，消化率越低，牧草的营养价值也越低。粗纤维含量是牧草吸收率的重要指标，羊草中的粗纤维含量直接影响家畜对饲草的消化率，粗纤维含量高，羊草消化率低。羊草不同生育期的粗纤维含量有差异，拔节期植株幼嫩、生物量低，粗蛋白含量和粗脂肪含量最高，纤维素含量最低，营养价值也最高。不施肥的羊草拔节期粗纤维含量为 23.99%，抽穗期粗纤维含量为 29.10%，盛花期粗纤维含量为 34.38%，成熟期为 36.42%，随着植株的生长，植株中粗纤维含量呈增加趋势。

腐殖酸肥有利于降低羊草植株粗纤维含量，改善羊草品质。拔节期羊草粗纤维含量随腐殖酸肥用量增加呈降低趋势，其关系式为 $y = -0.0008x + 23.845$（$R^2 = 0.8515$），拔节期的羊草粗纤维含量明显低于其他时期的羊草粗纤维含量。抽穗期的羊草粗纤维含量随腐殖酸肥用量增加而减少，其关系式为 $y = -0.001x + 28.83$（$R^2 = 0.6997$），与拔节期有相同变化趋势。盛花期的粗纤维含量随腐殖酸肥用量增加的变化趋势与抽穗期相同，关系式为 $y = -0.0019x + 34.453$（$R^2 = 0.9741$），盛花期刈割时，羊草粗纤维含量随腐殖酸肥用量的增加而减少，说明腐殖酸肥有改善羊草品质的作用。不同腐殖酸肥用量对粗纤维含量影响不同（表 4.14）。

表 4.14　腐殖酸肥对羊草粗纤维含量的影响

生育期	粗纤维含量/%					
	H0	H1	H2	H3	H4	H5
拔节期	23.99	23.59	23.51	23.49	23.36	23.26
抽穗期	29.10	28.54	28.34	28.26	28.25	28.24
盛花期	34.38	34.18	33.92	33.77	33.32	32.98
成熟期	36.42	36.23	36.07	35.87	35.86	35.86

4）腐殖酸肥对羊草无氮浸出物的影响

牧草植株的无氮浸出物主要由易被动物利用的淀粉、菊糖、双糖、单糖等可溶性碳水化合物组成，植物体内糖分含量主要与光合速率有关，无氮浸出物主要来自植株的光合作用，以单糖或多糖形式存在于牧草中，是动物能量的主要来源。无氮浸出物含量高、适口性好、消化率高。羊草无氮浸出物含量随生育进程整体呈逐渐下降趋势，拔节期无氮浸出物含量最高，为 49.14%～52.35%，成熟期无氮浸出物含量最低，为 42.91%～47.32%。施用腐殖酸肥降低羊草无氮浸出物含量，与不施腐殖酸肥相比，腐殖酸肥用量为 750kg/hm² （H5 处理）时，拔节期无氮浸出物含量显著降低。腐殖酸肥用量为 300kg/hm² （H2 处理）时，抽穗期和盛花期无氮浸出物含量低于不施腐殖酸肥处理（H0 处理），腐殖酸肥用量超过 300kg/hm²后，抽穗期和盛花期无氮浸出物含量降低不明显。腐殖酸肥用量为 150kg/hm² （H1处理）时，成熟期无氮浸出物含量低于不施腐殖酸肥处理，较不施腐殖酸肥处理降低 6.5%，腐殖酸肥施用量超过 150kg/hm²后，成熟期无氮浸出物含量降低不明显（表 4.15）。

表 4.15　腐殖酸肥对羊草无氮浸出物的影响

生育期	无氮浸出物含量/%					
	H0	H1	H2	H3	H4	H5
拔节期	52.35	50.50	49.49	49.33	49.22	49.14
抽穗期	50.82	48.80	48.17	47.83	47.53	47.05
盛花期	47.41	45.43	43.47	43.42	43.43	43.42
成熟期	47.32	44.27	43.75	43.04	42.97	42.91

5）腐殖酸肥对羊草粗灰分的影响

灰分的主要成分钙和磷是牧草和家畜最主要的矿物质营养元素，羊草粗灰分含量反映了牧草矿物质的总体含量。整个生育期羊草粗灰分含量变化较小。施用腐殖酸肥有利于提高羊草粗灰分含量。腐殖酸肥用量为 300kg/hm² 时，粗灰分含量高于不施腐殖酸肥处理，腐殖酸肥施用量超过 300kg/hm² 后，粗灰分含量增加不明显（表 4.16）。

表 4.16　腐殖酸肥对羊草粗灰分含量的影响

生育期	粗灰分含量/%					
	H0	H1	H2	H3	H4	H5
拔节期	6.81	8.15	8.50	8.56	8.60	8.62
抽穗期	6.85	8.15	8.52	8.58	8.64	8.64
盛花期	6.75	8.13	8.46	8.48	8.48	8.49
成熟期	6.71	8.05	8.36	8.66	8.67	8.66

4.3　小　　结

（1）施用微生物肥能提高羊草产量和品质，施用微生物肥能提高羊草产量和品质。微生物肥用量为 27 万亿个活菌/hm^2 时，羊草种子产量、产草量、氮吸收量、磷吸收量、钾吸收量、粗蛋白和粗脂肪含量最高，粗蛋白产量和粗脂肪产量也较高，微生物肥用量以每公顷 27 万亿个胶冻样芽孢杆菌活菌为宜。

（2）羊草种子产量随腐殖酸肥用量呈直线增加的趋势，产草量随腐殖酸肥用量的增加而增加，施用腐殖酸肥增加羊草粗蛋白和粗脂肪含量，也增加羊草粗蛋白和粗脂肪产量，羊草的品质大幅提升。腐殖酸肥用量为 300kg/hm^2 时，盛花期和成熟期羊草粗蛋白、粗脂肪、无氮浸出物和粗灰分含量均较高，盛花期和成熟期羊草产草量分别为 8650kg/hm^2 和 8966kg/hm^2，每千克腐殖酸肥分别增产 7.0kg 和 7.8kg 干草；腐殖酸肥用量超过 300kg/hm^2 后，盛花期和成熟期羊草产草量和品质提高不明显，且羊草增产率较低。以收获干草为目的，在盛花期或成熟期刈割时，腐殖酸肥用量以 300kg/hm^2 为宜。以收获种子为目的，腐殖酸肥用量以 450kg/hm^2 为宜。

第5章　人工羊草地水氮耦合效应

我国农业生产资源消耗过大，尤其是水、肥资源消耗巨大等问题突出。我国水资源紧缺，总量仅占世界的6%，人均仅为世界平均水平的四分之一。我国的水资源时空分布不均匀，生产力布局和水土资源不匹配，供需矛盾尖锐，水资源严重短缺。我国化肥年用量居世界首位，超过5400万t（折纯），利用率只有30%左右，远低于发达国家。这种高耗低效的生产方式带来了资源浪费、生态退化和环境污染等一系列问题，制约我国农业可持续发展。必须转变发展方式，全面树立水肥耦合、科学管理的理念，科学合理地调控土壤水分和养分条件，增加产量，改善品质，提高水肥资源高效利用效率，实现农业可持续发展。

5.1　水肥耦合实现水肥资源高效利用

一直以来，人们十分关注水肥之间的相互作用，根据植物需水需肥规律进行灌溉和施肥，调控土壤水分和养分条件，满足植物水分和养分需求，以达到增加产量、改善品质、提高效率的目的。水肥耦合是提高水肥利用效率的主要措施之一，在土壤中以优化的组合供应植物利用的水分和养分，水肥供应与根生长的空间、时间保持协调一致，最大程度地减少水肥的损失，提高水肥利用率和生产效率。水肥耦合是指农田水分和养分进行综合调控和一体化管理，满足植物对水分和养分需求的一种现代农业新技术，全面提升水肥资源利用效率，促进农业增产增效。

在农业生态系统中，土壤营养元素与水两个体系融为一体，相互影响、相互作用，水肥耦合对植物的生长发育产生影响。植物吸收养分的能力是植物对生境的适应策略之一，养分保持能力高说明植物对有限的环境资源适应能力较强。植物根系吸收水分和养分，水分和养分对于植物生长的作用是相互影响、相互作用的，调节水分和肥料，使之处于一个合理的范围，以求达到"以水促肥""以肥调水"的目的，对节约资源和保护生态环境有重要意义。水肥耦合技术要从提高自然降水生产效率入手，通过发展旱作保墒技术，增加植物抗旱抗逆能力。例如，通过耕作措施营建土壤水库储蓄天上水，通过地膜秸秆等覆盖技术保墒，通过调整肥料养分形态和配比改善养分供应状况，利用灌溉施肥制度因墒施肥、以肥调水、以水促肥，促进水肥耦合，实现水肥资源的高效利用，提高水肥生产效率。

在草地生态系统中合理利用水肥资源是提高羊草产量的重要措施之一。营养元素以氮的增产效应更为显著，施用氮肥可以提高羊草产量，在施用氮肥基础上，灌水可大幅提高羊草产量（张冬梅等，2022；周燕飞等，2020）。不同程度的干旱影响羊草的生长，随土壤含水率的降低，羊草的干鲜重降低（张燕，2018）。灌溉、施肥及水肥耦合处理可以提高羊草总子株生物量和无性繁殖构件生物量，尤以水肥耦合处理效果最佳（王若男，2019）。施氮量对抽穗数影响显著，这是因为前一年刈割后施用氮肥促进了地下芽伸出地面形成子株，这些子株与第二年的抽穗数有关（杨允菲等，2001）。因此，研究氮肥和水分对养分吸收的影响，不仅对羊草的环境适应能力有重要意义，而且对羊草的产量和质量也有重要意义。

近年来，国内外在羊草栽培及种子生产方面的研究多为水或肥单因素研究，有关水肥对羊草生长、品质方面的研究已有少部分报道（赵京东等，2022；伏兵哲等，2020；周燕飞等，2020），但水肥耦合对羊草种子产量及其构成因子的影响尚未报道。本章研究人工羊草地水肥耦合效应对羊草生长发育、产草量和种子产量的影响，目的在于找到有利于羊草生长发育和种子生产的施肥水平、灌溉水平及其组合，探求羊草的稳产、高产水肥管理体系。试验区概况、试验设计、试验材料和各指标测定方法等参见第 2 章。

5.2 水氮耦合对羊草种子产量及其构成因子的影响

5.2.1 水氮耦合对羊草种子产量的影响

不同施氮量处理的种子产量变化达到显著水平（$P<0.05$），种子产量随施氮量的增加而增大，施氮量为 240kg/hm² （N2 处理）时种子产量比不施氮肥（N0 处理）增加了 148.2%，比施氮量为 120kg/hm²（N1 处理）增加了 10.2%。不同灌溉量的种子产量差异也达到显著水平（$P<0.05$），种子产量随灌溉量的增加而增加，灌溉量为 90mm/hm²（W3 处理）时种子产量比灌溉量为 30mm/hm²（W1 处理）增加了 29.1%，比灌溉量为 60mm/hm²（W2 处理）增加了 39.2%。施氮的增产效果高于浇水的增产效果（图 5.1）。

灌溉量为 30mm/hm² 和 90mm/hm² 条件下，施氮量为 120kg/hm² 时种子产量较高，继续增加施氮量的种子产量增幅变小，且与施氮量为 240kg/hm² 差异不显著，灌溉量为 60mm/hm² 条件下施氮量为 240kg/hm² 时种子产量最高。在同一氮肥条件下，随着灌溉量增加种子产量逐渐增加，灌溉量为 90mm/hm² 时种子产量最高，其次是灌溉量为 60mm/hm²，灌溉量为 30mm/hm² 的种子产量最低。施氮量和灌溉量之间的交互作用差异显著（$P<0.05$）。以施氮量为 240kg/hm²、灌溉量为 90mm/hm² 时种子产量最高，达 1887.2kg/hm²，与相同灌溉量下施氮量为 120kg/hm² 时差异不显著。

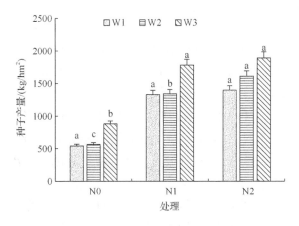

图 5.1　水氮耦合下羊草种子产量

5.2.2　水氮耦合对羊草种子产量构成因子的影响

羊草抽穗数是影响种子产量的关键因子之一。穗长、小穗数和小穗花数是羊草穗器官数量性状的重要指标，千粒重是籽粒产量性状的重要指标。抽穗数、抽穗率和小穗花数受施氮量的显著影响（$P<0.05$），但不受灌溉量和两者交互作用的显著影响。穗长不仅受施氮量和灌溉量的显著影响（$P<0.05$），而且还受到两者交互作用的影响。施氮量和灌溉量以及交互作用对小穗数的影响差异不显著。千粒重受施氮量和灌溉量的显著影响（$P<0.05$），但不受两者交互作用的影响（表 5.1）。

表 5.1　水氮耦合对羊草种子产量构成因子的影响

处理		抽穗数/（个/m²）	抽穗率/%	穗长/cm	小穗数/（个/穗）	小穗花数/个	千粒重/g
N0	W1	602	37.6	11.2	15.0	5.3	1.67
	W2	618	34.8	12.1	15.4	5.5	2.11
	W3	632	38.6	11.5	15.3	5.3	2.15
N1	W1	1352	59.1	11.8	15.2	5.5	1.97
	W2	1434	57.2	13.9	15.4	5.4	2.14
	W3	1394	58.0	11.8	15.3	5.6	2.28
N2	W1	1560	63.2	12.6	15.3	6.4	2.01
	W2	1664	59.1	14.3	15.5	6.7	2.30
	W3	1604	62.9	14.2	15.7	6.5	2.37
方差分析	N	**	**	**	ns	**	**
	W	ns	ns	**	ns	ns	**
	N×W	ns	ns	**	ns	ns	ns

注：ns 表示差异不显著；**表示在 0.01 水平显著；N×W 表示施氮量和灌溉量的交互作用（水氮耦合）。

随施氮量增加，羊草抽穗数、抽穗率、穗长、小穗花数和千粒重显著增加，施氮量为 240kg/hm² 时抽穗数增加 160.7%，抽穗率增加 66.8%，穗长增加 18.4%，小穗花数增加 21.7%，千粒重增加 12.6%。不同灌溉处理间，灌溉量为 60mm/hm² 时穗长最长，灌溉量为 90mm/hm² 时千粒重最高。

羊草抽穗数、穗长和小穗花数在施氮量为 240kg/hm²、灌溉量为 60mm/hm² 时最大，千粒重在施氮量为 240kg/hm²、灌溉量为 90mm/hm² 时最大，抽穗率则在不施氮肥、灌溉量为 30mm/hm² 时最大，小穗数受施氮量和灌溉量变化的影响不大。

施氮的增产效果高于灌水的增产效果。不同施氮量之间的种子产量差异显著，在抽穗当年可以通过灌水施肥增加小穗花数、穗长和千粒重，进而提高种子产量。随着灌溉量增加，种子产量逐渐增加，灌溉量为 90mm/hm² 时种子产量最高，施氮量为 240kg/hm²、灌溉量为 90mm/hm² 时种子产量最高，达 1887.2kg/hm²，与相同灌溉量下施氮量为 120kg/hm² 差异不显著。

抽穗数受灌溉量的影响较小，是因为羊草在前一年生长季后期已经形成，当年的灌水对抽穗数的增加影响有限。施肥灌水对小穗花数、穗长和千粒重影响均达到显著水平，说明水肥为羊草的生殖生长提供了营养与能量，使小花、小穗分化率提高，降低败育率。

5.3　水氮耦合对羊草产草量和植株性状的影响

5.3.1　水氮耦合对羊草产草量的影响

施用氮肥和灌水能大幅增加羊草产草量。施氮量和灌溉量主效应对羊草产草量影响显著（$P < 0.05$），但两者的交互作用对产草量无显著影响。羊草产草量随施氮量增加显著增加（$P < 0.05$），不同灌溉处理间羊草产草量差异显著（$P < 0.05$）。在同一水分条件下，施氮量为 120kg/hm² 时产草量较高，继续增加施氮量产草量增幅变小，且与施氮量为 240kg/hm² 时差异不显著。在同一氮肥条件下，随着灌溉量增加产草量先增加后减少，灌溉量为 60mm/hm² 时羊草产草量最高，其次是灌溉量为 30mm/hm²，灌溉量为 90mm/hm² 的产草量最低，说明适宜的灌溉量下产草量最高，灌溉量过高不能提高产草量。试验处理中灌溉量为 60mm/hm²、施氮量为 240kg/hm² 的产草量最高，达 12600kg/hm²，与相同灌溉量下施氮量为 120kg/hm² 差异不显著（图 5.2）。因此，水肥投入应适宜，过量的水肥投入不仅增加成本，还会造成资源浪费。

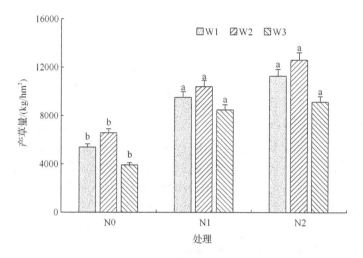

图 5.2　水氮耦合下羊草产草量

5.3.2　水氮耦合对羊草植株性状的影响

施氮量和灌溉量的主效应以及交互作用对羊草株高、叶长和分蘖数影响显著（$P<0.05$）。随施氮量增加，羊草株高、叶长和分蘖数显著增加（$P<0.05$），氮肥有利于羊草叶宽增加，但是差异不显著（表 5.2）。不同灌溉处理间株高、叶长和分蘖数差异显著（$P<0.05$）。灌溉量为 60mm/hm^2 时羊草株高和分蘖数最大，其

表 5.2　不同处理对羊草植株性状的影响

处理		株高/cm	叶宽/cm	叶长/cm	分蘖数/（个/m^2）
	W1	78.58	0.506	20.92	1602
N0	W2	80.64	0.514	23.18	1778
	W3	79.28	0.530	25.42	1636
	W1	89.04	0.522	24.90	2288
N1	W2	102.70	0.542	25.86	2506
	W3	93.54	0.580	25.98	2402
	W1	91.00	0.536	25.26	2468
N2	W2	103.38	0.546	27.80	2816
	W3	95.96	0.584	27.94	2552
	N	**	ns	**	**
方差分析	W	**	ns	*	**
	N×W	**	ns	*	*

注：ns 表示差异不显著；*表示在 0.05 水平显著；**表示在 0.01 水平显著。

次是灌溉量为 90mm/hm²，灌溉量为 30mm/hm² 的最小，表明灌溉量过多不利于分蘖和株高增大。随灌溉量增加，叶长呈增加趋势。不同灌溉处理间羊草叶宽差异不显著。羊草株高和分蘖数在施氮量为 240kg/hm²、灌溉量为 60mm/hm² 时最大，羊草叶长在施氮量为 240kg/hm²、灌溉量为 90mm/hm² 时最大。

　　施氮和灌溉对羊草产草量产生调控效应。水分和氮素有利于提高羊草产草量，但超量灌溉无益于羊草增产。因此，在羊草生产中，可以通过调节灌溉量和施氮量，获得较高的产草量。施氮量为 120kg/hm²、灌溉量为 60mm/hm² 时产草量较高，为 10400kg/hm²，氮肥利用率也高。施氮量和灌溉量对羊草株高、叶长和分蘖数均产生调控和互补效应。羊草茎叶部分在很大程度上影响着植株的生长发育，氮素和水分配合有利于羊草茎叶繁茂，促进羊草营养生长。

5.3.3　水氮耦合对羊草叶绿素含量的影响

　　施氮量和灌溉量主效应对叶片 SPAD 值影响显著（$P<0.05$），但两者的交互作用对叶片 SPAD 值无显著影响。随施氮量增加，叶片 SPAD 值显著增加（$P<0.05$）。灌溉显著影响叶片 SPAD 值（$P<0.05$），灌溉量为 60mm/hm² 时羊草叶片 SPAD 值最大，其次是灌溉量为 90mm/hm²，灌溉量为 30mm/hm² 时羊草叶片 SPAD 值最小。不施氮肥和施氮量为 120kg/hm² 时叶片 SPAD 值受灌溉量的影响变化不大，施氮量为 240kg/hm² 时受灌溉量影响差异显著，灌溉量为 60mm/hm² 时叶片 SPAD 值最大，且显著高于灌溉量为 30mm/hm² 时的叶片 SPAD 值。因此，在不施氮肥和施氮量为 120kg/hm² 情况下，灌溉对叶片 SPAD 值的增加作用不大；施氮量为 240kg/hm² 条件下，灌溉量为 60mm/hm² 时的叶片 SPAD 值显著增加，并且是所有处理中的最大值。灌溉量和施氮量对羊草叶片叶绿素含量具有调控和互补效应，其中施氮量起主导作用，灌溉量对施氮量有一定的补偿效应。水分和氮素合理配合有利于提高叶片叶绿素含量，施氮量为 240kg/hm² 条件下，灌溉量为 60mm/hm² 时叶片叶绿素含量最高（图 5.3）。

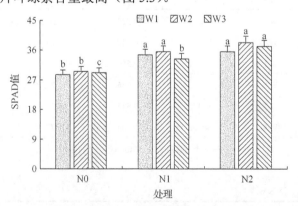

图 5.3　水氮耦合下羊草叶片 SPAD 值

5.4　水氮耦合对羊草干物质积累量的影响

施氮量和灌溉量的主效应对羊草干物质积累量影响显著（$P<0.05$），但两者的交互作用对干物质积累量无显著影响。随施氮量增加，羊草干物质积累量显著增加（$P<0.05$），施氮量为 240kg/hm² 时干物质积累量最高，较不施氮肥显著增加 185.7%，较施氮量为 120kg/hm² 显著增加 19.2%。不同灌溉处理间羊草干物质积累量差异显著（$P<0.05$）。在同一氮肥条件下，不施氮处理时随着灌溉量增加干物质积累量减少，施氮量为 120kg/hm² 和施氮量为 240kg/hm² 时干物质积累量随灌溉量增加先增加后减少，灌溉量为 60mm/hm² 时最高，其次是灌溉量为 30mm/hm² 时，灌溉量为 90mm/hm² 时最低，但水分处理之间差异不太显著。随施氮量增加，羊草干物质积累量呈现增加趋势，适量灌溉促进干物质积累，施氮量为 240kg/hm²、灌溉量为 60mm/hm² 时干物质积累量最高（图 5.4）。

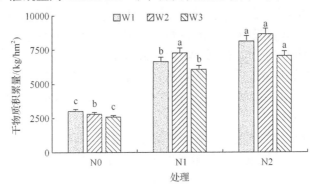

图 5.4　水氮耦合下羊草干物质积累量

5.5　水氮耦合对羊草氮、磷、钾吸收的影响

施氮量和灌溉量主效应对羊草氮吸收量影响显著（$P<0.05$），但两者的交互作用对氮吸收量无显著影响。随施氮量增加，羊草氮吸收量显著增加（$P<0.05$），施氮量为 240kg/hm² 时氮吸收量最高，较不施氮肥显著增加 435.6%，较施氮量为 120kg/hm² 显著增加 37.6%，主要是干物质积累量增加引起的。不同灌溉处理间羊草氮吸收量差异显著（$P<0.05$）。在同一氮肥条件下，施氮量为 120kg/hm² 时羊草氮吸收量受灌溉量影响显著，随着灌溉量增加氮吸收量先增加后减少，灌溉量为 60mm/hm² 时最高；不施氮肥和施氮量为 240kg/hm² 时羊草氮吸收量受灌溉量影响差异不显著。所有处理中施氮量为 240kg/hm²、灌溉量为 90mm/hm² 时

氮吸收量最高，与相同施氮量下灌溉量为 60mm/hm² 和 30mm/hm² 时差异不显著（图 5.5）。

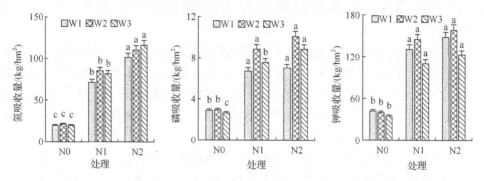

图 5.5 水氮耦合下羊草氮、磷、钾吸收量

施氮量和灌溉量的主效应以及交互作用对磷吸收量影响显著（$P<0.05$）。随施氮量增加，羊草磷吸收量显著增加（$P<0.05$），不同灌溉处理间羊草磷吸收量差异显著（$P<0.05$）。在同一氮肥条件下，随着灌溉量增加磷吸收量先增加后减少，不施氮肥羊草磷吸收量受灌溉量影响变化不大，施氮量为 120kg/hm² 和 240kg/hm² 时磷吸收量受灌溉量影响差异显著，灌溉量为 60mm/hm² 时最高，说明过量灌溉不但对提高磷吸收量没有好处，反而会影响磷的吸收。所有处理中灌溉量为 60mm/hm²、施氮量为 240kg/hm² 时磷吸收量最高，与相同灌溉量下施氮量为 120kg/hm² 差异不显著。

施氮量和灌溉量的主效应对钾吸收量影响显著，但两者的交互作用对钾吸收量无显著影响。钾吸收量随施氮量增加而显著增加（$P<0.05$），不同灌溉处理间羊草钾吸收量差异显著（$P<0.05$）。在同一水分条件下，施氮量为 120kg/hm² 和 240kg/hm² 的钾吸收量显著高于不施氮肥，二者的钾吸收量差异不显著。在同一氮肥条件下，不施氮处理下随着灌溉量增加钾吸收量减少，施氮量为 120kg/hm² 和 240kg/hm² 时钾吸收量随灌溉量增加先增加后减少，灌溉量为 60mm/hm² 时最高，说明在低施氮量时应减少灌溉量，中高施氮量条件下适宜灌溉才能较好地提高植株钾吸收量，钾吸收量随施氮量增加而增加。所有处理中灌溉量为 60mm/hm²、施氮量为 240kg/hm² 时钾吸收量最高，与相同灌溉量下施氮量为 120kg/hm² 时差异不显著。随施氮量增加，羊草氮、磷、钾吸收量均呈现增加趋势，适量灌溉促进氮、磷、钾的吸收。施氮量和灌溉量对磷素吸收具有互补效应。施氮量为 240kg/hm²、灌溉量为 60mm/hm² 时氮、磷、钾吸收量较高。

水氮耦合影响羊草氮肥利用率。在施氮量为 120kg/hm² 水平下，灌溉量为 60mm/hm² 时氮肥利用率最高，为 54.4%；在施氮量为 240kg/hm² 水平下，灌溉量为 90mm/hm² 时氮肥利用率最高，为 38.6%（图 5.6）。表明在不同施氮量水平下应进行合适的灌溉，高施氮量水平下应增加灌溉量以提高氮肥利用率。所有处理中灌溉量为 60mm/hm^2、施氮量为 240kg/hm^2 时的产草量最高，但氮肥利用率较低，造成资源的浪费。灌溉量为 60mm/hm^2、施氮量为 120kg/hm^2 时的产草量较高，与相同灌溉量下施氮量为 240kg/hm^2 时差异不显著，且氮肥利用率最高。水氮耦合显著提高羊草种子产量和产草量，也可以提高羊草氮、磷、钾吸收量和水肥利用率。

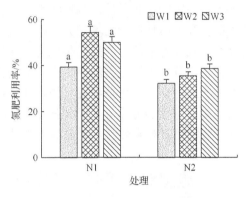

图 5.6　水氮耦合下羊草氮肥利用率

5.6　小　　结

水分和氮素有利于提高羊草产草量和叶绿素含量，但超量灌溉无益于羊草增产和叶绿素含量的提高。随施氮量增加，羊草干物质积累量和氮、磷、钾吸收量均呈现增加趋势，适量灌溉促进干物质积累和氮、磷、钾养分的吸收。施氮量和灌溉量对磷素吸收具有互补效应。在羊草生产中，可以通过调节灌溉量和施氮量，获得较高的产草量。施氮量为 120kg/hm^2、灌溉量为 60mm/hm^2 时产草量较高，为 10400kg/hm^2，氮肥利用率也较高。

第 6 章　施肥对人工羊草地土壤肥力影响

土壤为植物发育提供了必需的生长条件，为植物生长提供丰富的营养物质，土壤肥力是土壤的基本属性和本质特征。土壤肥力是指土壤从环境条件和营养条件两方面供应和协调植物生长发育的能力，是各种肥力因素的综合表现，各种肥力因素之间互相影响，密不可分。土壤肥力的高低直接影响植物的生长状况和产量高低，同时也是获得高产、保证农业可持续发展的重要前提。土壤养分是土壤肥力的核心，土壤向植物提供养分的能力决定于养分有效性的高低，施肥可以不同程度提高土壤中各种养分的贮量和有效性，对土壤培肥具有重要的生产意义。

6.1　施肥对土壤肥力的影响

1. 施肥对土壤有机质的影响

土壤有机质是研究土壤肥力和评价土壤质量的重要指标，土壤有机质是土壤的重要组成成分，直接影响着土壤的保肥性、保水性、缓冲性、耕性和通气状况等。不同土壤中的有机质含量差异很大，土壤有机质含量高的土壤肥力水平也高。东北黑土有机质含量最高，为 3%～5%，陕西关中壤土的有机质含量为 1.2%左右，黄土高原北部黄绵土的有机质含量为 1.0%左右，风蚀水蚀交错区的沙土有机质含量较低，在 0.5%左右。

施肥对土壤有机质有较大的影响，影响过程比较复杂。长期不施肥的土壤有机质含量普遍下降，有的土壤有机质含量基本保持不变，也有的经过一段时间后下降速度减缓并渐近于一个较低的平衡水平（Liu et al.，2018）。多数研究认为长期不施肥或者不平衡施肥都不利于有机质的积累，而长期施肥可以显著提高耕层有机质含量，促进有机质的积累（Su et al.，2021）。

2. 施肥对土壤氮磷钾含量的影响

氮是植物生长发育必需的营养元素，对于多数草地生态系统而言，氮素是限制草地生产力的重要营养元素之一，同时也是调节草地生态系统结构和功能的关键性元素。氮素是土壤肥力的重要元素，土壤中氮素的丰缺状况直接影响植物的生长发育，土壤全氮含量关系到土壤氮素的矿化，与速效氮含量密切相关。土壤速效营养在植物生长过程中的变化很大，它与植被生长特征是紧密联系的，是植物生长对营养物质吸收消耗的结果。化肥是生产中土壤养分的主要来源，很多研究认为施用氮肥可以提高土壤中全氮和有效氮含量，氮磷钾配合施用对提高地力有很好的效果。就世界范围而言，农田土壤普遍缺氮，长期施氮肥可以提高土壤中氮含量，尤其增加表层土壤氮素累积量（Hobbley et al.，2018；Hao et al.，2017）。

　　磷是植物体生长代谢过程中不可缺少的三大营养元素之一，供植物利用的磷素主要来源于土壤，土壤中无机磷主要来自原生态矿物磷灰石和次生的无机磷酸盐。施用磷肥可以增加土壤的全磷和有效磷积累量，磷肥存在明显的后效作用，之前积累在土壤中的磷素具有生物有效性（王昆昆等，2020；李新乐等，2015）。磷的移动性较差，多数研究认为施入土壤中的磷较大增加了土壤耕层的磷含量，对深层土壤磷的积累影响不大（吴庚福等，2021）。

　　土壤中钾元素以无机形态存在，其含量远远高于氮、磷。施肥对土壤全钾的影响存在争议，有研究认为施肥可以增加土壤全钾和速效钾含量（黄振瑞等，2020；任如冰等，2020），也有研究认为土壤钾库极大，长期施用钾肥对植株钾素吸收没有显著影响（柳开楼等，2020）。与氮、磷不同的是，土壤中钾全部以无机形态存在，含量远远高于氮、磷，但是由于土壤的吸附作用，钾的有效性较差，移动性也较弱。连续多年施入钾肥对耕层土壤速效钾含量有短期临时补充和长期缓慢增加作用，对土壤钾素具有明显的培肥效果（邢素丽等，2007）。

3. 施肥对微量元素的影响

　　施用微量元素肥料是人为加入土壤中微量元素的主要来源。其他肥料的施用也会给土壤带入微量元素，其中磷肥的微量元素含量较多。铁（Fe）、锰（Mn）、铜（Cu）、锌（Zn）、硼（B）、钼（Mo）是土壤中最常见的微量元素。土壤中的微量元素主要来源于成土母质，各种沉降物、火山烟尘及施肥也向土壤输入了一定量的微量元素。长期定位施肥对土壤微量元素含量的影响研究表明，不同施肥处理的土壤有效硼和有效锌含量均增加，各处理的土壤全量铁含量呈减少趋势（任顺荣等，2005）。

4. 微生物肥对土壤性状的影响

　　施用微生物肥对土壤性状影响的研究较少，近期主要集中在施用微生物肥后土壤微生物性状的变化上，主要是通过提高产量、品质和消耗土壤营养物质的多少影响土壤性状。施用微生物肥可提高棉田土壤的肥力，使土壤碱解氮、速效磷和速效钾含量增加，棉花产量也比对照提高 19.2%（孙中涛等，2005）。微生物发酵有机肥能明显提高温室番茄土壤有机质、碱解氮、速效钾、速效磷的含量，降低土壤硝态氮含量，增强土壤酶活性，从而提高土壤的综合肥力（王鑫等，2013）。

6.2　施肥对人工羊草地土壤肥力的影响

6.2.1　施肥对人工羊草地土壤有机质含量的影响

不同肥料单施和配施均能显著增加人工羊草地耕层土壤有机质含量。连续三年单施氮肥的羊草地土壤有机质含量最高，较不施肥增加 26.7%，单施钾肥较不施肥羊草地的土壤有机质含量增加 25.1%，单施磷肥较不施肥羊草地的土壤有机质含量增加 12.4%，氮磷肥配施和氮磷钾肥配施较不施肥羊草地土壤有机质含量分别增加 11.5% 和 8.5%。施用微量元素肥的土壤有机质含量显著增高，施铁肥的有机质含量较其余微量元素肥处理的有机质含量显著增高。施用微生物肥能增加土壤有机质含量，有机质含量随着微生物肥用量的增加显著增加，微生物肥用量最高的土壤有机质含量最高，微生物肥用量为 45 万亿个活菌/hm^2 的土壤有机质含量较对照提高 22.8%，较微生物肥用量为 36 万亿个活菌/hm^2 的土壤有机质含量提高 12.5%，较微生物肥用量为 27 万亿个活菌/hm^2 的土壤有机质含量提高 14.1%（表 6.1）。

表 6.1　不同施肥处理对土壤肥力的影响

处理	有机质含量/（g/kg）	pH	全氮含量/（g/kg）	速效磷含量/（mg/kg）	速效钾含量/（mg/kg）
CK	6.72c	8.74	0.525b	5.83d	117.02d
N	8.51a	8.83	0.630a	6.93c	136.11c
P	7.55b	8.73	0.521b	17.61a	101.72e
K	8.40a	8.63	0.526b	6.15d	262.52a
NP	7.48b	8.76	0.472c	14.29b	96.91e
NPK	7.29b	8.72	0.431d	14.02b	249.56b
Fe	8.82a	8.69	0.579a	16.67a	93.23c
Mn	6.80c	8.86	0.459b	11.34c	108.54 b
Cu	6.59c	9.01	0.411c	13.83b	83.65d
Zn	7.14b	9.01	0.356d	11.81c	136.54a
B	6.52c	8.91	0.409c	16.79a	110.71b
Mo	6.67c	9.00	0.461b	14.06b	103.38b
W0	8.28c	8.93	0.458c	5.92a	103.91d
W1	8.35c	8.83	0.489b	5.09b	123.37b
W2	8.90 b	8.78	0.583a	4.64c	164.14a
W3	8.91b	8.76	0.502b	4.23c	127.27b
W4	9.04b	8.75	0.496b	4.31c	123.09b
W5	10.17a	8.74	0.528b	5.10b	114.01c

6.2.2 施肥对人工羊草地土壤全氮含量的影响

在人工羊草地施用不同肥料对土壤全氮含量有明显影响，施用不同肥料的土壤全氮含量差异显著（表 6.1）。施用氮肥可显著增加土壤全氮含量，单施氮肥的土壤全氮含量相较不施肥高出 0.105g/kg，单施氮肥的土壤全氮含量显著高于单施磷肥和单施钾肥的土壤全氮含量；单施磷肥和钾肥对土壤全氮含量无显著影响，与不施肥土壤的全氮含量差异不显著；氮磷肥配施和氮磷钾肥配施使土壤全氮含量降低，分别较不施肥的土壤全氮含量低 0.053g/kg 和 0.094g/kg，这是因为在肥料配施的情况下，土壤虽然有外源氮补充，但是羊草生长旺盛，植株从土壤中吸收大量氮素，土壤中的氮素不断消耗，土壤有效氮库亏缺。

施用微量元素肥料对羊草地土壤全氮含量有显著影响。施用铁肥、锰肥（钼肥）、铜肥、锌肥、硼肥的土壤全氮含量差异显著，其中施铁肥的土壤全氮含量高于其他微量元素肥料处理的土壤全氮含量，这可能是因为施铁肥羊草的生物量显著低于其他微量元素肥料处理，羊草植株从土壤中吸收的氮含量较其他微量元素肥料少，施锌肥、铜肥和硼肥降低土壤的全氮含量。

施用微生物肥能显著增加土壤全氮含量，增加土壤的供氮能力。施用微生物肥的土壤全氮含量均高于对照，其中微生物肥用量为 18 万亿个活菌/hm^2（W2 处理）时的土壤全氮含量最高。

6.2.3 施肥对人工羊草地土壤速效磷含量的影响

在人工羊草地施用不同肥料对其土壤速效磷含量的影响差异显著，凡是有磷素成分的肥料，施入羊草地后土壤速效磷含量显著增加。单施磷肥土壤的速效磷含量最高达 17.61mg/kg，是单施氮肥的速效磷含量的 2.54 倍，是单施钾肥的土壤速效磷含量的 2.86 倍；氮磷肥配施的土壤速效磷含量为 14.29mg/kg，氮磷钾肥配施的土壤速效磷含量为 14.02mg/kg，氮磷肥配施和氮磷钾肥配施的土壤速效磷含量相较单施磷肥显著降低，是因为肥料配施的羊草生长从土壤吸收的磷素较多，羊草产草量大幅增加。

施用微量元素肥提高了羊草地的土壤速效磷含量，不同微量元素对羊草地土壤速效磷含量影响较大。施铁肥显著提高土壤速效磷含量，土壤速效磷含量为 16.67mg/kg，施硼肥处理的土壤速效磷含量显著提高到 16.79mg/kg，施锌肥处理的土壤速效磷含量为 11.81mg/kg，施锰肥处理的土壤速效磷含量为 11.34mg/kg。

施用微生物肥的土壤速效磷含量均较对照降低，降低 0.82~1.69mg/kg，其原因是施用微生物肥后改善了土壤养分供给状况，促使羊草生长发育对土壤磷素的吸收，提高了羊草产量。

6.2.4　施肥对人工羊草地土壤速效钾含量的影响

施肥对土壤速效钾影响显著，凡是有钾素成分的肥料施入羊草地，显著增加土壤速效钾含量。连续三年单施钾肥较不施肥的土壤速效钾含量增加 124.3%，氮磷钾肥配施较不施肥的土壤速效钾含量增加 113.3%，单施氮肥较不施肥的土壤速效钾含量增加 16.3%；单施磷肥较不施肥的土壤速效钾含量降低 13.1%，氮磷肥配施的土壤速效钾含量降低最多，较对照降低 17.1%，其原因是羊草产量提高，增加了对钾素的吸收利用（表 6.1）。

不同微量元素肥对土壤速效钾含量的影响差异显著（$P<0.05$）。施锌肥、锰肥、硼肥、钼肥的土壤速效钾含量有不同程度的增加，其中施锌肥处理的速效钾含量最高，为 136.54mg/kg，施铜肥处理肥的土壤速效钾含量最低，为 83.65mg/kg。

施用微生物肥有利于提高土壤速效钾含量。施用微生物肥的土壤速效钾含量较对照均有增加，微生物肥用量为 18 万亿个活菌/hm^2（W2 处理）时的土壤速效钾含量提高 58.0%。

6.2.5　施肥对人工羊草地土壤 pH 的影响

人工羊草地连续施肥三年对土壤 pH 有一定的影响。在单施和配施氮磷钾肥处理中，单施氮肥的土壤 pH 较对照提高，单施钾肥的土壤 pH 降低，单施磷肥和肥料配施无显著影响（表 6.1）。微量元素肥中，除铁肥使土壤 pH 降低外，其余 pH 均较对照显著增加，施铜肥、锌肥、钼肥处理的增加幅度较大。施用微生物肥降低羊草地土壤的 pH，且随着微生物肥用量的增加，降低幅度逐渐加大。

6.3　施肥对人工羊草地土壤水分的影响

我国西北地区地处于干旱半干旱和风蚀水蚀交错区，气候干燥，降水少，年降水量多在 250～500mm，大部分地区无灌水条件，水土流失严重。水分是影响农业生产的重要因素之一，且肥力低下，作物产量低而不稳。土壤水分和养分之间有密切的关系，水分供应不足和水分、养分利用效率不高是西北农业发展的主要限制因素。随着肥料在农业生产过程中的大量投入，作物生长所需的养分条件得到了极大的改善，土地生产力不断提高，草地系统生产力的限制因子也发生了由肥力向水分的改变。因此，研究不同施肥类型条件下土壤剖面水分的分布特征，对干旱区农业生产的可持续发展和生态环境建设具有极为重要的意义。

1. 肥料配施对人工羊草地土壤水分的影响

水资源是制约草地生产力和可持续发展的重要因素。土壤水分条件的好坏很大程度上影响着植物生长状况，影响着草地生态恢复。对宁夏南部山区的旱地紫花苜蓿土壤水分和产量动态进行研究，表明随紫花苜蓿草龄的延长，土壤的深层水分出现严重亏缺（杜世平等，1999）。高产草地的水分消耗量较高，从而导致土壤剖面相对干燥化。旱作高产田与低产田存在相似的产量波动性，高产田作物对土壤水分消耗量较高，从而导致土壤相对干燥化。在旱作农田长期定位试验的基础上，农田生产力的提高会加深土壤水分的利用层，使降雨入渗深度减少和土壤干燥化。在黄土高原种植紫花苜蓿，其草地的年蒸散量大于年降水量，根系的吸水层达 10m 以下，多年连续种植会导致土壤的干燥化，从而影响陆地水分的循环路径（李玉山，2002）。

2. 氮磷钾肥配施对人工羊草地土壤水分的影响

施用肥料能促进羊草的生长发育，影响羊草地上部和地下部根系的生长，同时也增加了耗水量，改变剖面土壤含水率与分布，不同施肥处理的羊草收获后的土壤含水率变化差异明显（图 6.1）。

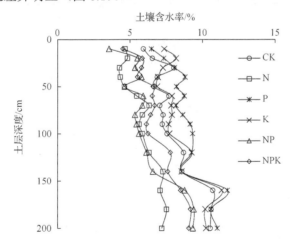

图 6.1　不同施肥处理的羊草地剖面土壤含水率

单施氮磷钾肥和氮磷钾肥配施的羊草地剖面土壤含水率如图 6.1 所示。施肥对羊草地剖面土壤含水率变化的影响差异十分明显。单施氮肥、磷肥、钾肥和氮磷钾肥配施的土壤剖面（0～200cm）水分含量变化差异明显。在不同施肥处理下，羊草产量高的单施氮肥、氮磷肥配施、氮磷钾肥配施的土壤剖面含水率较低。在 0～200cm 土层内，各施肥处理的土壤水分垂直变化总体趋势基本相同，但土壤含水率在各个土层表现出一定的差异性。0～10cm 表层土壤含水率较低，单施钾肥的土壤含水率最高，为 7.37%，氮磷肥配施的土壤含水率最低，为 3.55%；随着土层的加深，各施肥处理 10～20cm 土层的土壤含水率增加，土壤含水率为 4.82%～8.19%；在 20～50cm 土层，对照和单施磷肥的土壤含水率有所增加，单施氮肥、钾肥和肥料配施的土壤含水率均呈降低趋势；50～200cm 的土壤含水率呈增加趋势，50cm 处的土壤含水率为 4.62%～8.22%，200cm 处的土壤含水率为 7.20%～11.05%，且各施肥处理间的土壤含水率差异显著，表明羊草能够利用到 0～200cm 土层的土壤水分。单施钾肥、磷肥和不施肥处理的各层土壤含水率均显著高于单施氮肥、氮磷肥配施和氮磷钾肥配施的土壤含水率，表明施氮肥和肥料配施促进羊草根系对土壤水分的吸收，促进羊草植株的生长发育。

3. 施氮量对人工羊草地土壤水分的影响

施肥影响羊草根系生长，同时改变深层土壤水分分布。随着施氮量的增加，各层土壤含水率先减小后增加；各施肥量下 0～200cm 土层水分变化趋势一致，随着土壤深度的增加，0～60cm 土层土壤含水率减小，60～180cm 土层土壤含水率增加，180～200cm 土层再次减少（图 6.2）。不施氮处理表层土壤含水率高于施氮处理，氮肥促进羊草根系对表层土壤水分的吸收，施氮量为 120kg/hm² 时深层土壤含水率较高，240cm 处含水率为 16.21%，该层施氮量为 60kg/hm² 时含水率为 11.54%。

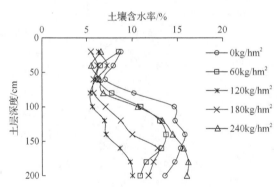

图 6.2　施氮量对剖面土壤含水率的影响

4. 施磷量对人工羊草地土壤水分的影响

随着施磷量的增加，剖面各层的土壤含水率整体呈先减小后增加趋势。表层土壤含水率差异较大，各处理无明显规律；深层土壤随着深度的增加土壤含水率增加。0～60cm 土层受覆盖耕作影响最大。施磷量为 60kg/hm² 时深层土壤含水率较高，200cm 处含水率为 11.59%，高出对照 3.18%，180cm 处含水率为 10.35%，高出对照 1.94%（图 6.3）。

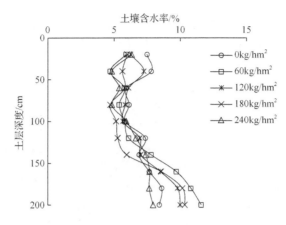

图 6.3　施磷量对剖面土壤含水率的影响

5. 施钾量对人工羊草地土壤水分的影响

不施钾肥的羊草地剖面土壤含水率在 0～40cm 土层先增加后减小，40～200cm 的土壤含水率整体呈增加趋势；施用钾肥后的土壤含水率含量先减小后增加，到 180cm 后又降低（图 6.4）。各层土壤含水率随着施钾量的增加变化无规律，100～120cm 土壤含水率差异较大，140～180cm 土壤含水率稳定，随施钾量的增加变化不显著。施钾量为 60kg/hm² 时 180cm 处土壤含水率为 15.40%，高出对照5.60%，施钾量为 180kg/hm² 时土壤含水率为 14.93%，高出对照 5.13%。

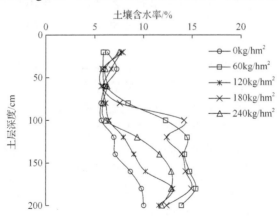

图 6.4　施钾量对剖面土壤含水率的影响

6. 微量元素肥对人工羊草地土壤水分的影响

施用微量元素肥料影响土壤剖面水分分布，0～60cm 土壤含水率变化显著，规律性不明显，60～80cm 土壤含水率减小，80～200cm 土壤含水率随土层深度的增加而增加；施用不同微量元素肥料对水分的影响整体差异较大，但是随着剖面深度的增加土壤含水率变化趋势一致（图 6.5）。施用锌肥 200cm 处土壤含水率为 13.86%，施用钼肥 200cm 处土壤含水率为 13.78%。

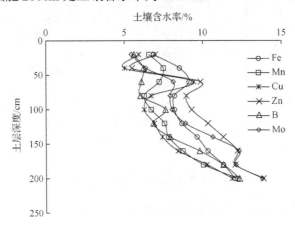

图 6.5　微量元素肥料对剖面土壤含水率的影响

6.4 小　　结

（1）施肥能显著增加人工羊草地耕层土壤有机质含量，其中单施氮肥处理的有机质含量最高。施用铁肥土壤的有机质含量显著高于施用其他微量元素肥的有机质含量。施用微生物肥能明显增加土壤有机质含量，且随着微生物肥用量的增加而增加。

（2）单施氮肥的土壤全氮含量显著高于单施磷肥和钾肥的土壤全氮含量，施氮可增加土壤全氮含量，但氮磷肥配施和氮磷钾肥配施使土壤全氮含量降低；施用铁肥的土壤全氮含量高于其他微量元素肥处理的全氮含量，施用锌肥、铜肥和硼肥降低土壤全氮含量；施用微生物肥使土壤全氮含量增高。

（3）施入磷肥的土壤速效磷含量显著增加，远高于无磷肥施入的土壤速效磷含量；不同微量元素肥对羊草地土壤速效磷含量影响较大，施用铁肥、硼肥后的土壤速效磷含量显著提高，施用锌肥、锰肥的土壤速效磷含量显著降低；施用微生物肥的土壤速效磷含量均较对照降低。

（4）单施钾肥、氮磷钾肥配施显著增加耕层土壤速效钾含量，单施磷肥和氮磷肥配施显著降低土壤速效钾含量；施用锌肥、锰肥、硼肥、钼肥的土壤速效钾含量有不同程度的增加，其中施锌肥的土壤速效钾含量增加最显著；施用微生物肥有利于提高土壤速效钾含量。

（5）施肥对土壤含水率的影响主要受羊草生物量的影响，施肥后羊草生物量越大，土壤含水率就越低。不施肥的羊草生物产量较低，其土壤含水率处于较高水平。由于单施磷肥、钾肥的羊草产草量增加较少，土壤含水率在整个剖面内都保持在一个较高水平，单施钾肥、磷肥的各层土壤含水率均显著高于单施氮肥、氮磷肥配施和氮磷钾肥配施的各层土壤含水率。施用氮肥和肥料配施均可促进羊草根系对土壤水分的吸收，施肥处理在土壤剖面的土壤含水率显著低于不施肥处理的土壤含水率。施用铜肥、锰肥和钼肥能提高产草量，土壤水分消耗量较高，在土壤剖面的土壤含水率都较低；施用硼肥、锌肥和铁肥处理的产草量较低，其土壤含水率都较高。因此，在羊草生产中，不断提高人工羊草地土壤养分含量的同时，还要注意增加土壤的水分补充和采取保墒措施，提高水肥利用效率。

参 考 文 献

白玉婷, 代景忠, 夏江宝, 等, 2021. 施肥对割草地羊草功能性状和化学计量学的影响[J]. 草地学报, 29(11): 2442-2453.

白玉婷, 卫智军, 闫瑞瑞, 等, 2017. 施肥对羊草割草地牧草产量及品质的影响[J]. 中国草地学报, 39(4): 60-66.

鲍雅静, 覃名茗, 李政海, 等, 2012. 羊草叶片 SPAD 值对水分梯度和氮素添加梯度的响应[J]. 中国草地学报, 34(4): 26-30.

陈自胜, 赵明清, 孙中心, 等, 1992. 羊草草地松土施肥效果的研究[J]. 中国草地, 9(2): 28-32.

董晓兵, 郝明德, 郭胜安, 等, 2014. 氮磷肥配施对羊草干草产量、养分吸收及品质影响[J].草地学报, 22(6): 1232-1238.

董晓兵, 郝明德, 肖庆红, 等, 2015. 不同钾肥施用量对羊草产量、品质及养分吸收的影响[J]. 草原与草坪, 35(1): 20-26.

杜世平, 王留芳, 龙明秀, 1999. 宁南山区旱地紫花苜蓿土壤水分及产量动态研究[J]. 草业科学, (1): 13-16, 18.

伏兵哲, 周燕飞, 李雪, 等, 2020. 宁夏引黄灌区羊草水肥耦合效应研究[J]. 草业学报, 29(5): 98-108.

顾仲阳, 寇江泽, 尤家桢, 2021. 从"沙进人退"到"绿进沙退": 我国荒漠化沙化石漠化面积持续缩减[N/OL]. 人民日报, (2021-06-16)[2023-03-28]. http://paper.people.com.cn/rmrb/html/2021/06/18/nw.D110000renmrb_20210618_6-02.htm.

郭慧慧, 郝明德, 蒙静, 等, 2015. 施肥对人工羊草地的产草量及养分吸收的影响[J]. 宁夏大学学报(自然科学版), 37(1): 118-124.

郭继勋, 1986. 羊草草地营养元素的吸收、积累和归还[J]. 中国草原, (5): 31-34.

郭继勋, 钟伟艳, 郝风云, 1992. 羊草地上部分营养物质含量及其季节动态[J]. 中国草地, (5): 8-12.

国家统计局, 2018. 黄秉信: 农业生产结构优化 粮食获得较好收成[EB/OL]. http://www.stats.gov.cn/xxgk/jd/sjjd2020/201901/t20190122_1764775.html.

国家统计局, 2020. 中华人民共和国 2019 年国民经济和社会发展统计公报[EB/OL]. http://www.stats.gov.cn/sj/zxfb/202302/t20230203_1900640.html.

国家统计局, 2021. 2020 年国民经济稳定恢复 主要目标完成好于预期[EB/OL]. http://www.stats.gov.cn/xxgk/sjfb/zxfb2020/202101/t20210118_1812458.html.

何丹, 李向林, 何峰, 等, 2009. 施用氮肥对羊草个体和种群特征的影响[J]. 草地学报, 17(4): 515-519.

洪绂曾, 2011. 中国草业史[M]. 北京: 中国农业出版社.

侯文慧, 张玉霞, 王红静, 等, 2021. 施氮水平对羊草叶片光合特性和叶绿素荧光特性的影响[J]. 草地学报, 29(3): 531-536.

胡冬雪, 王建丽, 潘多峰, 等, 2017. 施氮肥对羊草栽培草地生产性能及品质的影响[J]. 中国草地学报, 39(1): 35-41.

黄菊莹, 徐鹏, 于海龙, 等, 2012. 羊草生物量和养分分配对养分和水分添加的响应[J]. 草业科学, 29(10): 1589-1595.

黄振瑞, 周文灵, 敖俊华, 等, 2020. 连续 4 年施钾的甘蔗产量及土壤钾素平衡[J]. 热带作物学报, 41(7): 1347-1353.

金京波, 王台, 程佑发, 等, 2021. 中国牧草育种现状与展望[J]. 中国科学院院刊, 36(6): 660-665.

李辉, 白丹, 张卓, 等, 2012. 羊草叶片 SPAD 值与叶绿素含量的相关分析[J]. 中国农学通报, 28(2): 27-30.

李林芝, 张德罡, 辛晓平, 等, 2009. 呼伦贝尔草甸草原不同土壤水分梯度下羊草的光合特性[J]. 生态学报, 29(10): 5271-5279.

李文晶, 王俊锋, 高晓荻, 等, 2021. 干旱条件下氮磷添加对羊草干草产量及饲用品质的影响[J]. 草地学报, 29(4): 743-748.

李新乐, 侯向阳, 穆怀彬, 等, 2015. 连续 6 年施磷肥对土壤磷素积累、形态转化及有效性的影响[J]. 草业学报, 24(8): 218-224.

李雪梅, 张利红, 1999. 硝态氮在羊草-土壤中的分配及其季节动态[J]. 辽宁大学学报(自然科学版), 26(4): 388-392.

李雅舒, 2020. 不同措施对刈割中度退化草甸草原植被和土壤的影响[D]. 呼和浩特: 内蒙古大学.

李玉山, 2002. 苜蓿生产力动态及其水分生态环境效应[J]. 土壤学报, 39(3): 404-411.

梁潇, 侯向阳, 王艳荣, 等, 2019. 羊草种质资源耐盐碱性综合评价[J]. 中国草地学报, 41(3): 1-9.

林祥磊, 许振柱, 王玉辉, 等, 2008. 羊草(Leymus chinensis)叶片光合参数对干旱与复水的响应机理与模拟[J]. 生态学报, 28(10): 4718-4724.

刘畅, 张月学, 高超, 等, 2012. 三种改良措施对退化羊草草地群落多样性和生物量的影响[J]. 黑龙江农业科学, (10): 132-135.

刘公社, 王德利, 石凤翎, 等, 2022. 羊草种质资源研究历程及启示[J]. 中国草地学报, 44(4): 1-9.

刘惠芬, 高玉葆, 张强, 等, 2005. 土壤干旱胁迫对不同种群羊草光合及叶绿素荧光的影响[J]. 农业环境科学学报, 24(2): 209-213.

刘琼, 乌仁其其格, 席青虎, 等, 2021. 切根与肥力调控对退化羊草甸草原植被改良效果研究[J]. 中国草地学报, 43(10): 18-28.

刘燕丹, 乌日力嘎, 李元恒, 等, 2021. 不同放牧制度下典型草原生产效益与生态效应[J]. 内蒙古大学学报(自然科学版), 52(4): 425-436.

柳开楼, 黄晶, 叶会财, 等, 2020. 长期施钾对双季玉米钾素吸收利用和土壤钾素平衡的影响[J]. 植物营养与肥料学报, 26(12): 2235-2245.

吕世杰, 白玉婷, 卫智军, 等, 2021. 基于建群种羊草动态变化的打草场植被恢复研究[J]. 干旱区资源与环境, 35(7): 163-170.

潘多锋, 张瑞博, 李道明, 等, 2019. 施氮期和收获期对羊草种子产量及质量的影响[J]. 草业科学, 36(8): 2078-2086.

潘多锋, 张月学, 申忠宝, 等, 2009. 施肥期对 4 种禾本科牧草生长特性及种子产量的影响[J]. 黑龙江农业科学, (5): 97-99.

任继周, 胥刚, 李向林, 等, 2016. 中国草业科学的发展轨迹与展望[J]. 科学通报, 61(2): 178-192.

任如冰, 聂茹霞, 陈小文, 等, 2020. 施肥对土壤钾素有效性及番茄产量品质影响的研究[J]. 现代园艺, (3): 7-8.

任顺荣, 邵玉翠, 高宝岩, 等, 2005. 长期定位施肥对土壤微量元素含量的影响[J]. 生态环境, 14(6): 921-924.

申忠宝, 张月学, 潘多锋, 等, 2012. 施氮对人工草地羊草种子产量和构成因素的影响[J]. 中国草地学报, 34(5): 58-62.

苏富源, 郝明德, 郭慧慧, 等, 2015. 施用氮肥对人工羊草草地产量及养分吸收的影响[J]. 草地学报, 23(4): 893-896.

苏富源, 郝明德, 牛育华, 等, 2016. 适宜氮肥可提高人工羊草的抽穗数和种子产量[J]. 植物营养与肥料学报, 22(5): 1393-1401.

孙佳慧, 齐丽雪, 李雅茹, 等, 2020. 不同恢复改良措施对退化草原羊草功能性状的影响[J]. 生态环境学报, 29(9): 1738-1744.

孙伟, 刘玉玲, 王德平, 等, 2021. 补播羊草和黄花苜蓿对退化草甸植物群落特征的影响[J]. 草地学报, 29(8): 1809-1817.

孙中海, 姚良同, 孙凤鸣, 等, 2005. 微生物肥料对棉田土壤生态与棉花生长的影响[J]. 中国生态农业学报, 13(3): 54-56.

唐芳林, 杨智, 王卓然, 等, 2021. 生态文明视域下草原治理体系构建研究[J]. 草地学报, 29(11): 2381-2390.

唐正芒, 2011. 中国共产党与当代中国粮食问题[J]. 党史研究与教学, (4): 4.

王红静, 马金宝, 丛百明, 等, 2021. 氮添加对科尔沁沙地羊草产量及氮肥利用效率的影响[J]. 草原与草坪, 41(2): 47-52.

王俊峰, 2010. 氮、水和温度对羊草有性生殖及克隆生长的影响[D]. 长春: 东北师范大学.

王俊锋, 高篙, 王东升, 等, 2007. 施肥对羊草叶面积与穗部数量性状关系的影响[J]. 吉林师范大学学报(自然科学版), 28(1): 34-38.

王俊锋, 穆春生, 张继涛, 等, 2008. 施肥对羊草有性生殖影响的研究[J]. 草业学报, 17(3): 53-58.

王克平, 娄玉杰, 成文革, 等, 2005. 吉生羊草营养物质动态变化规律的研究[J]. 草业科学, 22(8): 24-27.

王昆昆, 廖世鹏, 任涛, 等, 2020. 连续秸秆还田对油菜水稻轮作土壤磷素有效性及作物磷素利用效率的影响[J]. 中国农业科学, 53(1): 94-104.

王若男, 2019. 水肥条件对羊草无性繁殖与有性繁殖性状及其关系的影响[D]. 长春: 东北师范大学.

王鑫, 曹志强, 王金成, 等, 2013. 微生物发酵有机肥对温室番茄产量、品质和土壤肥力的影响[J]. 中国土壤与肥料, (1): 80-84.

温超, 杨晓松, 高丽娟, 等, 2021. 施肥对羊草割草场土壤养分的影响[J]. 畜牧与饲料科学, 42(3): 86-90.

乌恩旗, 张国昌, 刘春晓, 2001. 羊草草原改良措施与效果[C]//中国农学会, 中国草原学会, 21 世纪草业科学展望——国际草业(地)学术大会论文集, 海拉尔.

吴庚福, 黄振瑞, 陈迪文, 等, 2021. 不同类型磷肥对土壤磷素形态和烟草生长的影响[J]. 中国烟草科学, 42(6): 1-7.

肖胜生, 董云社, 齐玉春, 等, 2010. 内蒙古温带草原羊草叶片功能特性与光合特征对外源氮输入的响应[J]. 环境科学学报, 30(12): 2535-2543.

邢素丽, 刘孟朝, 韩保文, 2007. 12 年连续施用秸秆和钾肥对土壤钾素含量和分布的影响[J]. 土壤通报, 38(3): 486-490.

闫春霞, 赵曼, 李浩, 等, 2022. 放牧和施肥模式对轻度退化天然羊草草原羊草叶钙、铁、锌含量的影响[J]. 北方农业学报, 50(4): 83-95.

杨允菲, 1989. 水肥对羊草穗部器官及籽粒产量性状的影响[J]. 中国草地, (1): 11-15.

杨允菲, 杨利民, 张宝田, 2001. 东北草原羊草和群种子生产与气候波动的关系[J]. 植物生态学报, 25(3): 337-343.

尤英豪, 2005. 羊草草地施肥效果探究[J]. 吉林林业科技, 34(1): 38-44.

于辉, 2010. 羊草种子产量构成因子与产量最适调控时间的研究[D]. 长春: 东北师范大学.

詹书侠, 郑淑霞, 王扬, 等, 2016. 羊草的地上-地下功能性状对氮磷施肥梯度的响应及关联[J]. 植物生态学报, 40(1): 36-47.

张楚, 王淼, 张宇, 等, 2022. 切根与有机肥对羊草草甸草原打草场地上生物量与土壤养分的影响[J]. 草地学报, 30(1): 220-228.

张冬梅, 王建丽, 尤佳, 等, 2022. 苏打盐碱地羊草生产技术[J]. 农业与技术, 42(2): 106-109.

张丽星, 海春兴, 常耀文, 等, 2021. 羊草及芨芨草草原和西北针茅草原土壤质量评价[J]. 草业学报, 30(4): 68-79.

张燕, 2018. 不同环境因子对羊草生长适应性的影响研究[D]. 重庆: 西南大学.

赵成振, 2019. 不同刈割起始时间和频次对羊草产量、品质及再生性的影响[D]. 北京: 中国科学院大学.

赵丹丹, 马红媛, 李阳, 等, 2019. 水分和养分添加对羊草功能性状和地上生物量的影响[J]. 植物生态学报, 43(6): 501-511.

赵京东, 宋彦涛, 徐鑫磊, 等, 2022. 水肥添加对辽西北农牧交错带羊草人工草地牧草品质的影响[J]. 中国草地学报, 44(4): 85-94.

赵明清, 1988. 羊草草甸草原施用微量元素肥料试验[J]. 牧草与饲料, (4): 17-20.

周婵, 杨允菲, 2006. 松嫩平原两个生态型羊草叶构件异速生长规律[J]. 草业学报, 15(5): 76-81.

周燕飞, 高雪芹, 田静, 等, 2020. 宁夏干旱风沙区羊草水肥效应研究[J]. 西北农林科技大学学报(自然科学版), 48(11): 13-22.

HAO Y, WANG Y, CHANG Q, et al., 2017. Effects of long-term fertilization on soil organic carbon and nitrogen in a highland agroecosystem[J]. Pedosphere, 27: 725-736.

HOBBLEY E U, HONERMEIER B, DON A, et al., 2018. Decoupling of subsoil carbon and nitrogen dynamics after long-term crop rotation and fertilization[J]. Agriculture, Ecosystems & Environment, 265: 363-373.

LIU H, ZHANG J, AI Z, et al., 2018. 16-Year fertilization changesthe dynamics of soil oxidizable organic carbon fractions andthe stability of soil organic carbon in soybean-corn agroecosystem[J]. Agriculture, Ecosystems & Environment, 265: 320-330.

SU F, HAO M, WEI X, 2021. Soil organic C and N dynamics as affected by 31 years cropping systems and fertilization in highland agroecosystems[J]. Agriculture, Ecosystems & Environment, 326: 107769.

WANG J, XIE J, ZHANG Y, et al., 2010. Methods to improve seed yield of *Leymus chinensis* based on nitrogen application and precipitation analysis[J]. Agronomy Journal, 102: 277-281.